U0170594

动物
眼中的
人类

赵序茅 ———— 著

中信出版集团 | 北京

图书在版编目（CIP）数据

动物眼中的人类/赵序茅著. -- 北京：中信出版
社，2020.11
ISBN 978-7-5217-1958-1

I.①动… II.①赵… III.①人类 – 关系 – 动物 – 普
及读物 IV.①Q958.12–49

中国版本图书馆CIP数据核字（2020）第102328号

动物眼中的人类

著　　者：赵序茅
出版发行：中信出版集团股份有限公司
　　　　　（北京市朝阳区惠新东街甲4号富盛大厦2座　邮编　100029）
承 印 者：中国电影出版社印刷厂

开　本：787mm×1092mm　1/16　　印　张：17.5　　字　数：164千字
版　次：2020年11月第1版　　　　印　次：2020年11月第1次印刷
书　号：ISBN 978-7-5217-1958-1
定　价：78.00元

目录

————

异化的动物与异化的人类

　　知晓并熟识赵序茅博士，缘于接续数次参与不同界别的图书评奖工作。我特别注意到，这位年轻的动物学研究者在短短几年时间里，不仅躬身进行了对多种珍稀动物的深度科学考察，还以生动、细腻的笔触留下记录，推出了多部叫好又叫座的科普佳作。《西域寻金雕》《红唇美猴传奇》《动物知道人性的答案》这几本书，都曾让评委们眼睛一亮，啧啧称赞。

　　而我以为尤其难得的是，序茅作品视角独特、思想旷达、平易晓畅，精湛呈现了科研、科普与文学的有机交融。从他的科研和科普实践看，科学探索与科普创作相伴而行，彰显了一种相辅相成的关系。用他的话讲，"科研是科普的源，科普是科研的流，源远才能流长。"于他而言，有相关科研工作的基础和成果作支撑，写出来的科普作品自然就能达到一定的深度，内容也更为可靠、扎实；同时，科普又进一步拓宽了他的科研思路，让他能以更开阔的视野展开研究。

翻阅序茅作品，早前读过的一些动物学题材的自然文学经典，如让-亨利·卡西米尔·法布尔的《昆虫记》，康拉德·洛伦茨的《所罗门王的指环》，珍·古道尔的《和黑猩猩在一起》，德斯蒙德·莫里斯的《人类动物园》，弗朗斯·德瓦尔的《猿形毕露》……，它们当中的诸多视点、细节，时常会在我脑海里萦绕、回放。我感觉序茅这方面的创作，很好地秉承了前辈之风，并且深得其味。他的新作《动物眼中的人类》，读来更让我欣喜、感怀。

譬如书中述及作者2018年冬天的一段科考经历，遇到一只名叫三儿、会敬礼的藏酋猴，游人只要说句"三儿敬礼"，它马上就会抬起右手来，引得游客一片叫好，并立即得到食物作为回报。看到这样的场景，他内心的感情很复杂："作为一只猴，它本不需要如此，完全可以凭借自己的智慧和双手在森林中寻找食物，繁衍生息。如今它们被人类习惯化了，成为人类招财纳宝的工具。当三儿举起右手的那一刻，作为一只猴，它向人类的文明迈出一大步，可是再也做不回一只猴了。"

序茅的感慨，让我联想到20世纪40年代在欧洲很有名气的哑行者（蒋彝）写的一本书《爱丁堡画记》，其中有段文字记述了作者在英国观察到的现代消费文化对可爱的水鸟带来的负面冲击。他写道：在我们的文学里，鹤是仙客，鹦鹉是陇客，海鸥是闲客，一直都象征"悠闲的绅士"。然而，"最起码，伦敦公园里的（海鸥）就不是！全世界最繁忙的城市还是不适合悠闲绅士的。金钱和虚名的诱惑毕竟太大。伦敦海鸥变得强烈渴望人们的喂食，甚至为此放弃天生该是它们吃食的鱼类，屈就干巴巴的面包屑。由此可知环境对人影响之大，我绝对要谨慎！"

这都是人类眼中动物的"异化"，而始作俑者正是我们人类！

序茅新书名字，亦让我浮想：动物眼中的人类，从何谈起？

　　据说，自古希腊起就有人研究"动物的大脑里在想什么"这个问题了，但一直也有人怀疑任何动物有思想、情感或感觉的可能性，并且认为没有理由给予动物更多精神上的关照。而法国人文主义思想家米歇尔·德·蒙田早在400多年前就不无讽刺地指出人类自命不凡，凌驾于其他动物之上，总是以人类的视角去理解一切，甚至从未想过动物也可能这样理论："为什么一只鸟就不可以说，宇宙中的一切都注视着我，大地供我行走，太阳给我照明，星星为我存在。清风、流水、天穹，哪个不青睐我？我是大自然的宠儿，难道人类不也是对我殷勤以待，给我栖身之所，为我忙忙碌碌？正是为了我们，他们才去播种和收获。"

　　不过，近代以降，一些动物学家在动物的驯化与人类文明之间已经看到了某种相似性：驯化的动物在逃离了残酷的自然选择的同时，也失去了原有的适应性：它们不再适于独立生存了。用奥地利动物学家洛伦茨的话来说，我们生活在一个道德沦丧的时代，人类文明支撑着越来越多的"退化族"，他们快速繁殖，缘于"他们强大的繁殖力和对其他物种成员所采取的粗鄙的竞争方式"。

　　序茅在书中，对此类问题亦多有探讨：人类是生态系统中的一员，生态系统出了问题，人类也无法幸免。这就是研究动物、保护物种的意义所在。和人类相比，这些弱小的动物无法在智力上胜出。可是，动物最大的智慧在于懂得与自然和谐相处，这一点恰恰是很多地区的人类不具备的。在自然界，很少有动物会把环境破坏殆尽，而这种现象在人类世界却比比皆是。谁说动物不如人类？

　　是啊，真不知道人类在动物眼中，究竟是什么"货色"呢？英国动物学家莫里斯更为直率地指出：当今人类就像监禁于动物园中的动物一样，被监禁于现代都市这个"动物园"里。生活在自然栖息地里的野生动物，在一般情况下是不会自杀、手淫、伤害后代或伤害同类的，也不会得胃溃疡和肥胖症，更不会有诸如恋物癖等现象。可在都市居民中，这一切全都发生了……

　　美国作家马克·吐温曾调侃说，人类是唯一会脸红的动物，或是唯一该脸红的动物。当然还可补充一句：人类是唯一能把动物养成宠物和煮成食物的动物。

当今生物学领域，已有越来越多的研究者开始关注动物的视角，以此探索动物与世界的关系、动物与人之间的关系。我以为，归根到底，这也是探索人类与自然的关系，并且深切关涉人类未来之发展，我们确乎需要更多了解。相信序茅这部新著，定能让读者朋友受益。

是为序。

尹传红

中国科普作家协会副秘书长，《科普时报》原总编辑

————

野生动植物如何影响人类文明的进程？

从生物学属性来看，人类属于灵长目人科，和猿猴是近亲。从文化属性来讲，人类和其他动物有着本质区别，其中之一便是人类建立了自己的文明并且可以传承下去。即便如此，人类文明也没有脱离动植物，可以说整个人类文明史就是一部与动植物打交道的历史。

人类从远古的石器时代（距今约1万~300万年）开始使用打制的石器。那个时期的人类和其他野生动物没有本质区别，都是从自然界直接获取动植物来生活。不过，石器的使用开始改变人类与野生动植物之间的关系。人类由此可以防御凶猛的野兽，围猎大型兽类，以及采集更多的植物。

距今约200万~250万年，东非肯尼亚的科比福拉、埃塞俄比亚的奥莫河谷和哈达尔地区是迄今所知最早的石器时代地区，由此产生了早期的奥杜韦文化和阿舍利文化。

从早期人类遗址中可以发现不少动物的痕迹，中国境内旧石器时代早期重庆巫山遗址中出土了步氏巨猿、中国乳齿象、东方剑齿象、剑齿虎、双角犀、大熊猫等早更新世初期的哺乳动物化石；山西西侯度遗址中发现了人工砍砸或刮削过的鹿角和用火烧过动物的痕迹；云南元谋有带人工痕迹的动物肢骨等；河北小长梁发现石器1 000余件，动物化石有桑氏鬣狗、三趾马、三门马、披毛犀牛、羚羊等。由此可以推测当时人与动物之间的关系：相当一部分大型野生动物成为早期人类的食物。

到了新石器时代，人类开始发展农业和养殖业。从目前全球发掘的新石器时代遗址情况判断，西亚和北非的新石器时代发展较早。考古研究证实西亚是世界上农业起源最早的地区，最早出现农业和养殖业。公元前7~8世纪，人类主要种植小麦、大麦和豆类。中国部分地区大约在公元前1万年进入新石器时代，是世界上粟、黍、水稻的起源地。公元前8 000年，粟、黍等旱作农业起源于黄河中下游、辽河和海河流域。长江中下游是世界水稻的发源地，代表性的遗址为江西的仙人洞和吊桶环及湖南的玉蟾岩，分别发现了公元前1万年的硅化水稻和公元前7 000年的稻田遗址。

几乎与发展农业同时，人类开始驯化动物。早在1万多年前，人类驯化了狗；最初大约于9 000年前，猪在今土耳其东部被人类驯化。此后，驯化方法传播到了中欧、意大利、印度、缅甸、中国和新几内亚等地。

随着人类文明的发展，动植物不仅满足了人们生存、生活的需求，还有了部分观赏的功能。最初的动物园雏形起源于古代国王、皇帝和王公贵族们的一种嗜好，从各地收集来的珍禽异兽被圈养在皇宫里供其玩赏，作为财富和地位的象征。

中国远在西周时，周武王破天荒地建立了"宫廷猎苑"，饲养动物以供观赏娱乐。始建于1078年的英国伦敦塔中曾饲养狮子等动物以供人类娱乐。

万牲园是中国历史上最早的近代公共动物园。清光绪三十二年（1906年），由清农工商部奏准修建"农工商部农事试验场"，将动物交场内豢养，故这座农事试验场又有"万牲园"之称。1907年7月19日，京师万牲园对外开放，最初的展品是南洋大臣兼两江总督端方自德国购回的部分动物，以及全国各地抚督送献清朝政府的动物。万牲园的建立，标志着中国现代动物园的开端。

植物园的历史同样悠久。公元前138年，汉武帝扩建长安（今西安）上林苑时，栽植了2 000多种远方所献珍贵果树、奇花异草等，可以说是世界上最早的植物园雏形。宋代司马光所著《独乐园记》中提到的"采药圃"，记载了"沼东治地为百有二十畦，杂莳草药，辨其名物而揭之"。这和现代的药用植物园已经非常类似。西方从1世纪安东尼厄斯·卡斯特在罗马建立的花圃起，到文艺复兴后16—17世纪英国杰拉德在霍尔本城建立的植物园，也以药用植物为主要搜集内容。意大利的帕多瓦植物园建于1545年，是至今尚存的世界上历史最悠久的植物园。

人类知道如何利用动植物，更知道如何保护动物。早在几千年前的五帝时代，中国就非常重视野生动物保护。当时管理山泽鸟兽的官员被称为"虞"。大禹治水时，舜帝同时派益为"虞"。现在看来，"虞"应该是世界上最早的生态保护官职，所以益可能是世界上第一位生态保护官员。公元前11世纪，西周颁布的《伐崇令》："毋坏屋，毋填井，毋伐树木，毋动六畜。有不如令者，死勿赦。"违者受到的惩罚很严厉。春秋时，《管子·地数》载："苟山之见荣者，谨封而为禁。有动封山者，罪死而不赦。有犯令者，左足入，左足断，右足入，右足断。"可见其对违反保护规定者的处罚很残酷。《吕氏春秋·士容论·上农》中也记载，当时制定了春夏秋冬的禁令，规定在生物繁育时期不准砍伐山中树木，不准在泽中割草烧灰，不准用网具捕捉鸟兽，不准用网下水捕鱼等。这些机构的设置和法令的完善，为后来各个时期的野生动物保护奠定了基础。近代的动物保护法起源于欧洲。1822年，爱尔兰政治家马丁说服英国议院通过了禁止残酷对待家畜的《马丁法案》。1934

年3月通过的《普鲁士狩猎法》，其主要内容是严格禁止捕杀未成年的幼兽和怀孕的母兽，列出不许捕杀的各种动物和飞禽，并对狩猎的各种形式做了详尽的规定，这部法律一直保存到现在。

人类在改造自然，可以说人类的文明就是一部改造自然的历史。与此同时，自然也在改造人类，无时无刻不显示自己的力量。当人类认识动物的时候，动物也在认识人类。它们拥有敏锐的视觉、嗅觉、味觉、听觉，可以看到人类看不到的世界，感受人类感受不到的存在。我们同在一个世界，却看到不同的世界。动物眼中的人类完全颠覆你的想象，很多鸟类具备四种色觉，它们可以看到人类看不到的颜色。蛇类具备红外感应能力，它看到的人类完全不同。动物在认识人类，也在想着利用人类。乌鸦、野猪这些聪明的动物很善于利用人类创造的条件，繁衍自己的种群，因此它们的家族不断壮大。同时也有一些动物不擅长与人类打交道，日渐濒危。

动物眼中的人类是一种什么样的存在？以大熊猫为例，如果大熊猫会说话，它将如何看待人类？人类确实在大熊猫的保护中做出了不可磨灭的贡献，可以说如果没有中国的保护，大熊猫可能已经从地球上消失了。从这个层面来讲，大熊猫应该感激人类，是人类挽救了它们。可是反过来想想，当年大熊猫家破人亡，也是人类不合理地开发造成的。如果没有人类，大熊猫可能一样活得很好。大熊猫是幸运的，人类及时觉醒，挽救了它们的命运。可是，还有一些和大熊猫一样濒危的物种，它们的家园被破坏，它们的种群被屠杀，可是它们得到的保护力度远远不如大熊猫，它们的命运和大熊猫截然不同。难道这些物种就该灭绝吗，难道它们因为不是国宝就该被淘汰吗？不仅是大熊猫，还有袋狼、渡渡鸟、巴巴里狮……从新石器时代开始，经过农业社会和工业社会，因人类活动而走向灭绝的动物不计其数。同样是大自然的物种，是谁赋予人类生杀大权，是谁赋予人类自然选择的权力？物种的选择、自然的进化，难道由人类决定吗？

恩格斯说，人类是自然之子，人永远不能割断与自然界的联系，不能凌驾于自然界之上。一方面，人类按照一定的目的以自己的劳动改造着自然界，使自然不断地适应人类的发展；另一方面，人类也必须改造自身以适应自然界的发展，这是人类生存的前提。因为在人类的活动作用于自然界的同时，作为客体的自然界也反作用于人类，把人类对自然界的影响反馈给人类。

告别工业文明，人类进入生态文明建设时期。党的十九大报告指出："我们要建设的现代化是人与自然和谐共生的现代化，既要创造更多物质财富和精神财富以满足人民日益增长的美好生活需要，也要提供更多优质生态产品以满足人民日益增长的优美生态环境需要。"党的十九大报告已将人与自然和谐共生定位为中国现代化的重要特征。如今，生态文明建设成为中国特色社会主义现代化建设的重要组成部分。随着我国逐步向世界舞台中心靠近，生态文明理念也日益被国际社会广为接受。

地球上生存的不只是人类自己，还有无数的动物、植物、微生物，我们共同组成一个地球命运共同体，彼此相互依存，谁也离不开谁。你可以想象假如没有动物，世界会变成什么样子吗？人类文明的发展，要求我们更多地了解动植物，正确看待人类与野生动植物的关系，善待地球上存在的每一个物种。绿水青山就是金山银山！

第 1 章　　**白水河**
从猴子到人类

　　白水河国家级自然保护区位于四川省彭州市，地处四川盆地向川西高原过渡的地带，地形复杂多样，以保护大熊猫等珍稀野生动植物和生物多样性为主。2018 年 1 月 24~29 日，我受西华师范大学王斌老师的邀请，前往四川白水河国家级自然保护区调查川金丝猴、藏酋猴的种群和分布，简单来说就是"找猴"。

　　找猴是一门技术活。茫茫林海这么大，而猴子行踪敏捷、飘忽不定，想找到它们可不是一件容易的事。几日踏雪寻猴，我发现了川金丝猴留下的食物痕迹，听到了它们的叫声，遗憾的是没有见到本尊。川金丝猴难觅，相比之下藏酋猴比较容易见到。我在河坝上看到一群藏酋猴，而且有些在那里交配。这让我寻思：猴子的交配都是为了繁殖吗？

踏雪寻猴：从便便到猴群社会组织

2018年1月24日早晨，在王老师的安排下我们兵分三路，进山寻猴。天公不作美，还未进山，就下起了小雪，山中云雾缭绕，如梦如幻，似仙非仙。我们沿着一条当地名为锅矿岩的沟进山，刚进沟就看到一座废弃的水电站，在汶川地震中毁掉了，如今已成废墟。河床上横七竖八躺满了花岗岩，中间有一条小河正处于枯水期，水量不大。

过了乱石滩，我们开始进入柳杉和厚朴形成的人工林。厚朴是当地百姓种的一种药材，叶片比我手掌略窄，但比手掌长得多。中间有一条小路，雨天泥泞难走。小路两侧不时冒出一片八月竹，这是一种叶子很大的竹子，因八月出笋而得名。这个八月竹可不是善类，它的竹节上长满了刺，一不小心就会被刮到。

在林中小道穿行，一坨粪便横在路中间。这是何"人"所为？野外考察就如同侦探破案，不能放过任何蛛丝马迹。我判断这是豹猫的粪便，家里养过猫的"铲屎官"可以轻松地看出来。豹猫的便便和家猫的便便在外形上很像。不同的是，家猫喜欢将便便埋藏起来，而豹猫却大大方方地拉在路边。豹猫和家猫长得非常像，以至于经常有人将二者混淆。可是此猫非彼猫，二者最大的区别是花纹：家猫是条纹猫，而豹猫是斑点猫。几十年前，豹猫在中国数量非常多，它们对环境的适应能力较强，中国大部分山地林区都有豹猫分布。20世纪八九十年代，人们为了获得豹猫的皮毛，曾经大规模猎杀它们。1993年，中国政府宣布停止出口豹猫毛皮。随着近10多年来保护力度加强，豹猫种群有恢复的趋势，我们在野外也拍到过很多豹猫。

进山寻猴之路

看到这里，可能有人会疑惑："不是寻猴吗，怎么扯到猫身上了？"诸位读者有所不知，在野外不八卦的科研工作者，不是优秀的科研工作者。想要了解一个人，不仅要看这个人，还要看看他经常和什么人在一起。猴群周围生活着的动物同样重要，如同我们人类的朋友一样。

野外观察往往难得见到动物本尊，但可以轻松看到动物留下的痕迹。我们来到一个叫黄泥岗的地方，此黄泥岗只是当地的一种叫法，和《水浒传》中"智取生辰纲"故事里的黄泥岗不是一个地方。黄泥岗上长满川梅和绣球，一棵高大的珙桐鹤立鸡群。珙桐是国家一级重点保护植物，它的花很美，像鸽子，所以珙桐又名鸽子树。突然，一只红腹角雉从我们眼皮子底下飞过，遗憾的是无法捕捉它的倩影。

过了树林，是一个山谷，上面堆满了乱石。河滩上有一排排槭树，如今只剩下果实，叶片如同翅膀，风一吹旋转而下，优雅十足。在一片满山枯黄、落叶堆积的地段，小叶杜鹃却独树一帜。它的叶片没有落下，而是蜷缩起来，这样可以减少蒸腾，并保证空气流动，确保冬季叶片不会结冰。

到了海拔2 000米处，空中的雪花越下越紧，地面上有了积雪。踩在厚厚的积雪上，"咯吱咯吱"响，显得山谷更加幽寂。中午我们简单吃点儿干粮，继续赶路，在路上发现了羚牛和林麝的粪便，这两个"哥们儿"都是国家一级重点保护野生动物。二者来头都不小，羚牛号称是不丹的神兽，林麝则被称为陆地上的吸血鬼。我会在其他篇章重点介绍，此处不再啰唆。

下午两点，我们走到海拔2 400米的地方，这是一片乔灌混合林，灌木居多。乔木胸径约15厘米，高5~9米；灌木直径多为5~8厘米。在一条仅能容下一只脚的小路边，我们发现地面上散落的一节节绣球枝条，长约30~50厘米，直径1~2厘米，被刨得光秃秃的，这正是川金丝猴的觅食痕迹。如今天寒地冻，草木枯黄，食物短缺，川金丝猴只能啃树皮充饥。由于树皮的能量含量极低，冬季时川金丝猴只好开源节流，增加觅食的时间，减少移动的时间。我们在食迹周围还发现了几处川金丝猴的粪便。根据地面的食物痕迹和留下的粪便，可以粗略估计猴群至少有几十只。作为疣猴亚科的一员，川金丝猴栖息在陕西、四川、甘肃和湖北等地的高山森林中，常常几十只到数百只成群活动，它们具有严密的社会组织和结构。

一提到猴群，很多人自然而然地想到威风八面的猴王。不过，川金丝猴可能让你失望了，它们的世界中不存在猴王。那么，这么多猴聚在一起，又是如何组织的呢？有猴的地方就有社会，存在社会就有一定的社会结构。纵观全球，人类社会多是一夫一妻制，群居型非人

川金丝猴的食迹

灵长类的社会结构比人类复杂得多。人类中有的社会结构它们都有，人类中没有的它们也有，它们的社会主要包括一夫一妻制、一夫多妻制、多夫多妻制和混交制。川金丝猴群是由两种基本单元组成的重层社会结构，一个基本单元是由一个成年雄性和多个成年雌性及其子女组成的社会单元；另一个基本单元是由数个不同年龄

川金丝猴的粪便

段的雄性组成的全雄单元，俗称光棍群。川金丝猴以这两个基本单元构成基层组织。这就好比人类的社会，一个个小家庭组成一个村落。不过与人类社会不同的是，川金丝猴的社会中多了一个全雄单元，而人类社会中虽然也有光棍，但是并不生活在一起。此外，雄川金丝猴一般到3岁左右离开家庭，雌猴可以留下；而人类多是女子成年出嫁，男子继承家业。

　　寻猴寻到现在，也就只得见便便？哎，能看到川金丝猴的粪便已经不错了，幸亏我有点儿经验，否则连粪便也看不到。

闻声辨猴：声音对于动物的作用

　　一语未了，只听后院中有人笑声，说："我来迟了，不曾迎接远客。"黛玉纳罕道："这些人个个皆敛声屏气，恭肃严整如此，这来者系谁，这样放诞无礼？"

　　这正是《红楼梦》第三回"托内兄如海酬教训 接外孙贾母惜孤女"中王熙凤的出场，属于典型的未见其人先闻其声。我们在野外寻猴，恨不得所有的动物都能像王熙凤这样。因为在野外声音比长相更重要，尤其是遇上阴天下雨，视线不好，眼睛看到的反而不及声音听到的。大诗人王维有言："空山不见人，但闻人语响。"把人换成猴，这便是寻猴的诀窍。

　　昨天冒雪寻猴，仅仅发现了几处便便，今天要更加努力。1月25日早晨，窗外下起了雪，雾气也很大，能见度不足20米。我们的队伍出现严重减员，王老师感冒了，温师弟腿部不适，只剩下我、何师弟和毛师弟上山。我们沿着河坝往上走，河坝上堆积着花岗岩，大则如房屋，小如杏核。这些石头粗暴中露出狂野，棱角分明，不曾打磨，还没有形成卵石和砾石。其实这片河滩的历史并不久远，2008年汶川地震造成山体崩塌，引发巨石滑落，堆积成河滩。地震是豪放派，不懂婉约，势大力沉，拥有不可一世的力量。而流水属于婉约派，万种柔情，却能水滴石穿。流水在石堆里开辟了一条新航线，

若干年后，它会将这里的巨石慢慢打磨，磨平它们的棱角。为了防止这片乱石遇到暴雨时滑落，人类在河道中竖起巨大的水泥柱子进行阻隔。

雪花漫天飞舞，河坝湿气很大。我们只能听到几声白顶溪鸲和红尾水鸲的叫声。仿佛大雾也遮住了它们的视野，使得它们只能通过鸣叫来和小伙伴们交流。干枯的叶子上堆积了一层又一层雪花，不久之后，河岸也将被雪花淹没。大雪淹没这里的热闹，独留一片白色的单调，以及那寻猴人的步履蹒跚。

河岸上有一处脚印，引起了我的注意。我弯下身子，仔细查看，发现这如同小孩子的脚印，只是脚趾略长。脚印是好东西，据说好莱坞明星都会留下自己的手印和脚印，人类签合同也会按手印，因为手印是身份的标志。寻找动物也是如此，足迹是判别其身份的标志之一，每种动物都有着自己独特的足迹。而眼前正是人类的近亲——猴子的脚印。积雪还没有将脚印完全淹没，可以想象它们不久前就在此处活动，可是这究竟是哪种猴子的脚印呢？附近生活着藏酋猴和川金丝猴，仅凭脚印我还是无法准确判断猴子种类。

就在此时，远处传来几声"夹——夹"的叫声，持续了5秒。如何能根据声音判断这是什么动物？

君不见，《西游记》中六耳猕猴扮成孙悟空的模样，端的是一模一样，三界之内难以分辨。不过，地府有一神兽却能分辨出来，它便是谛听。据说谛听的能力可以达到"坐地听八百，卧耳听三千"。《西游记》原文中讲到，谛听是地藏菩萨经案下伏的一只兽。它若伏在地下，"一霎时，将四大部洲山川社稷，洞天福地之间，赢虫、麟虫、毛虫、羽虫、昆虫、天仙、地仙、神仙、人仙、鬼仙可以照鉴善恶，察听贤愚"。

谛听虽厉害，却是神话中的人物，不能请来辨猴。不过此刻，也有一人能分辨出来。没错，就是在下。我仅能听出两种猴子的叫声，其中一种便是川金丝猴。我确定这是川金丝猴的叫声。沿着声音传来的方向，我们前行了500米，在一块巨石下停住了。猴群所在的山脊海拔估计在1 700米，可惜雾气太大，能见度不高，只能闻声辨猴，无法一睹其真容。

这里的闻声辨猴仅仅是分清种类而已。我们灵长类研究圈子里还真有位"谛听"，就是范鹏来博士，他专门研究川金丝猴的叫声。根据鹏来兄的研究，川金丝猴可以发出18种声音，其中两性都可以发出的声音有7种，雄性特有的声音有1种，雌性特有的声音有10种。在诸多声音中，雄猴发出的咕咕声最为神奇。这咕咕声中包含雄性的特征，声音背后隐藏着猴主人的信息。君不见，当年长坂桥头，张翼德大吼三声，喊声未绝，曹操身边夏侯杰惊得肝胆碎裂，倒毙于马下。这就是声音背后的力量。君不见，林教头与人打斗到难解难分之时，往往大喝一声将对手擒获。这也是声音的力量。再来看川金丝猴，它们是重层社会，雄性之间存在等级，而等级需要通过争斗确定。你想，川金丝猴生活在密林中，很多时候能见度不高，它们需要靠声音识别彼此。如果雄猴可以根据咕咕声来判断彼此的力量，就会减少很多不必要的争斗。

要说对声音的识别，自然还是异性更加敏感。雌川金丝猴可以根据雄猴发出的咕咕声判别它来自哪里，类似于人类听口音判断是不是本地人。在10米范围内，雌猴最关注"隔壁老王猴"（别家雄性）发出的咕咕声，其次是本家主雄猴（自己的丈夫），对于那些光棍猴则直接忽视。这符合"危险近邻"原则，可能有些拗口，简单解释就是离你越近的雄性往往越危险。这就好比人们戏称：实验室里，防火防盗防师兄。

你可知猴王的烦恼？

1月26日依旧大雪，我们要去龙门山的回龙沟。所谓回龙沟其实是一条高山峡谷。不知当地人为何起名回龙沟，依我看，这名字起得好。话说当年曹孟德与刘使君煮酒论英雄时就曾讨论过"龙为何物"。操曰："龙能大能小，能升能隐；大则兴云吐雾，小则隐介藏形；升则飞腾于宇宙之间，隐则潜伏于波涛之内。"听完孟德之论，你再看看眼前的河流。高山里的河流，夏季水大可以开山碎石、吞吐八荒，旁边冲毁的道路就是它的"杰作"。而今枯水期，小河如小溪，奄奄一息，昔日的豪情全都烟消云散。这不正是龙之变化吗？何为龙，龙即山河！

雪越下越大，路上徒步的行人却越来越多，看得出城里人对于雪多么向往。下车后，我跟王大哥一组到大药坪寻猴。山体比较陡，大约倾斜50~60度，刚下的雪铺满了不足50厘米宽的林间小道。山上是一片青岗树为主的乔灌林，林子绿油油的，在没有针叶林的情况下，能有这颜色，耐人寻味。珙桐树下有一处粪便，已经被冻住，这很有可能是藏酋猴的粪便。藏酋猴属于灵长目猴科猕猴属，是中国特有的灵长类动物、国家二级保护动物，也是我们此行重点寻找的对象。一个小时后，我们爬到了山梁处，山梁上面架起了一个巨大的钢管，如同高架桥从山顶斜插地面。这是当地水电站的引水管道，也是人类改造自然的杰作。

过了山梁，坡度趋于平缓，前方是一处40度的大斜坡。随着雪花沉积，周边已经完全被大雪覆盖。干枯的阔叶树枝一身素缟，地面的灌丛银装素裹。树枝上缠绕着枯黄的绞股蓝，一侧还留有紫色的果实。据向导王大哥介绍，绞股蓝是一种药材，可以降血压，每斤50元。那边，山核桃树上满身积雪，藤本植物缠绕其身。灌丛下长满了蕨类植物。

森林里一片寂静，不时传来积雪压断树枝的咔嚓声。在海拔1 750米处，突然传来一阵"当当"声，在寂静的树林中格外入耳。原来是一只白背啄木鸟，头顶上红色的羽毛格外显眼，它在一棵枯死的山核桃树上，用嘴巴不断地撞击树干，寻觅里面隐藏的食物（虫子）。我不知道这只白背啄木鸟今天的收获如何。只见满地都是木屑，树上留下了它啄过的痕迹。白背啄木鸟的出现为这寂静的森林添加了一份喧闹，大有"鸟鸣山更幽"的味道。岩石上爬满了细长的青藤，柔软、坚韧，当地人用它编筐子。据说，当年诸葛亮七擒孟获途中，遇到的藤甲兵所穿之甲就是用此物编制而成。

一连几日寻不见猴，加上每日大雪纷飞，不免心中烦闷。不曾想，众里寻他千百度，蓦然回首，那猴却在河坝处。下山后，我们在河坝处见到了久违的藏酋猴，一大一小，都是雄性。它们应该是猴群中全雄单元里的个体，全雄单元里的个体在猴群中比较分散。藏酋猴的社会结构属于多雌多雄。猴群中雌多雄少，雄猴们隶属于全雄单元，而全雄单元中的猴儿是分等级的，等级最高的那只雄性就是大家俗称的猴王。其实，猴王远没有大家想的那样威风八面。不做王，你是不知王的苦啊。

第一，在藏酋猴群中猴王的权力有限，它的"话"未必好使。君不见，清朝光绪帝虽然贵为天子，但那叫一个窝囊，手中无权，任人摆布。相比之下，猴王的日子比光绪帝稍微好过些。在藏酋猴的社会中，猴群中的雌猴间多存在血缘关系。雌猴中的高等级个体之间形成雌性联盟，是猴群中真正的"掌权派"。这些高等级的个体就如同慈禧老佛爷和她庞大的后党。它们的地位，是猴王无法撼动的。雌性联盟不仅存在血缘关系，而且"猴多势众"。这样一来猴王的权力大大弱化，具体表现在：雌猴有很大的性选择空间。那些高等级的雌猴可以和群内高等级的雄猴交配，也可以和低等级的雄性交配。

第二，猴王要时刻提防内部造反。常言道："皇帝轮流做，明年到我家。"尤其是当猴王年龄偏大、体弱多病之时，那些年青的猴儿们就会蠢蠢欲动，揭竿而起。一旦猴王被赶下台，它的命运就极为凄凉。

第三，猴王还要时刻警惕外患。面对"外敌"——外来的猴群——抢夺地盘或者老婆的时候，以猴王为首的全雄单元会一致对外。在外敌面前，平日里的恩怨都暂且放下，输赢的代价是彼此的孤独。一旦全雄单元被外来雄猴群打败，它们不仅可能失去老婆，而且连吃饭的地盘都没了。

最后道一句：猴也罢，人也罢，各有各的活法。平民有平民的生活，王侯有王侯的烦恼，莫要攀比，王侯享受我们无法享受的富贵，也必当承担我们无法感知的痛苦和责任。平民可以成为王侯，而王侯却难以做回平民。

猴儿的交配都是为了繁殖吗？

2018年1月27日，依旧大雪，今日兵分四路，小毛和老胡去九峰山，小何和老王去黑风洞，王老师去小龙潭，我和小温去银场沟大龙潭。今天的路相对好走，大龙潭的开口处有一座水电站，形成一道人工瀑布。山腰悬崖处开辟出一道由钢筋搭建的人工栈道，雪天走在上面晃晃悠悠，惊险又刺激。路上遇见一只隐纹花鼠，趴在一座旧房子的窗户中间。附近有一条小路通往山上，上面是一座寺庙——接引寺院。寺庙修建于20世纪五六十年代，毁于汶川地震。雪地里躺着几个泥塑的罗汉，一半被积雪掩埋。想当年香火缭绕，如今满目荒凉，看来神仙也难逃尘世的轮回。

下山后，我们发现河坝里有一群习惯化的藏酋猴。什么是习惯化？这好比梁山好汉接受了招安。藏酋猴是猕猴属中个体最大的，它最大的特点是尾巴短得缩成一个球，而且长得面目狰狞，凶神恶煞。这群猴子不仅不怕人，还跑到人跟前抢东西。一只大公猴直接抱住一位女士的大腿，向她要东西。那女子瞬间"蒙圈"，如同遇见强盗般惊慌失措，赶紧将吃的丢给它。另一只大公猴有样学样，向本地一位商贩扑过来。商贩立即从地上捡起一根棍子，大公猴见状，灰溜溜地离开了。看来猴子也是欺软怕硬的。

如今藏酋猴多在交配，河坝上弥漫着荷尔蒙的味道。那些大公猴正忙着和母猴们交配，它们的动作十分短暂，也不分场合。看到此情此景，我想到一个问题：猴儿们的交配都是为了繁衍吗？如果是，它们为何一年四季都在交配；如果不是，那交配又是为了什么？

人类的性交被赋予文化含义，比如行周公之礼，共赴巫山云雨。其实，在这件事上，人与动物并没有本质区别。在性的欲望上，人与猴并没有太大的差别。当然，人类是受到文化、道德、法律约束的，不能都和猴儿一样。人类的性交不仅仅是为了繁衍，猴儿也是。

藏酋猴介于季节性繁殖和非季节性繁殖之间。它们一年四季都可以进行交配，可是仅在 1~8 月间产崽，这充分说明交配不都是为了繁衍。在藏酋猴的世界中，交配除了实现生育的目的外，还是一种建立友谊的方式。这是因为藏酋猴生活在常绿阔叶林中，可利用的食物较少，造成"猴多粮少"的局面，个体间的生存竞争压力大。藏酋猴的交配除了延续种族外，还有重要的社会功能：建立朋友关系，缓解竞争压力。

在猴群中，猴王没有足够的能力占有所有的雌猴。这里的雌猴拥有交配

的选择权。有意思的是，根据熊成培的观察：高等级雄猴和低等级雌猴比低等级雄猴和高等级雌猴较多地参与交配。这是什么意思呢？做个形象的类比，富家子和穷家女在一起的机会比穷家子和富家女在一起的机会多。

雌猴虽然有选择的权利，但是也面临性打搅。何为性打搅？通俗地讲，就是两只猴儿正在交配，另一只猴跑过来干涉。性打搅行为大部分发生在交配过程中雄猴开始爬跨雌猴时。低等级的猴很少能打搅到高等级猴的交配，反过来，高等级雄猴却可以很容

易地打搅低等级猴之间的交配。举个《白毛女》的例子，农家女喜儿和农家男大春情投意合，准备秋后完婚。然而，地主黄世仁看上了喜儿，于是轻而易举地拆散喜儿和大春。在封建社会，黄世仁是地主，社会等级高；而喜儿和大春是农民，社会等级低。

不仅成年猴子热衷于交配，那些青年猴也乐此不疲。这些青年雄猴没有机会真刀真枪地练，它们彼此交配。在人类看来这属于同性恋，其实在非人灵长类中，这很正常。青年猴们模拟交配，为日后做准备。还有些猴儿既没有老婆，也没有"好基友"，它们就自己动手解决。猴群中雄猴的自慰行为屡见不鲜。

当然，还有更奇特的交配模式。前不久，日本灵长类专家观察发现，有部分雌性日本猕猴竟然和梅花鹿发生关系。我们知道猴子比较顽皮，它们或许只是在"长腿邻居"的背上娱乐。如何界定这是一种性行为呢？

雌猕猴和雄猴交配的时候，会主动将屁股翘起来，对着雄猴进行邀配（要求对方交配）。年轻的雌猕猴以同样的方式向鹿进行邀配，并且花费了大量时间保持和鹿的身体接触。雌猕猴会骑跨在鹿的身上，并推动它的骨盆。交配的时候，雌猕猴还会主动给鹿理毛，用手指挑出皮肤分泌的颗粒或者一些寄生虫。

这种做法本质上属于性行为，可能是一种新社会趋势的开端。以骑跨同性性交而出名的年轻雌猕猴，逐渐意识到成年的雄梅花鹿可以让它们获得性释放。

为何如此呢？这还要从猕猴的社会结构说起。猕猴属于多雄多雌的社会，一个猴群中雌性比例约为3∶1，明显雌多雄少。在猴群中，高等级的雄猴并不喜欢年轻的雌猴，因为它们缺少生育经验，第一胎往往很难存活。所以，年轻的雌猴们会彼此模拟交配，一来为了获取性经验，二来获得某种性的释放。日本猕猴经常和鹿生活在一起，它们彼此熟悉，很多时候猴子们会骑到鹿的身上玩耍。很有可能是基于此，突然有一天一只年轻的雌猴发现可以通过和鹿进行交配来获得性满足，然后在群体中传播开来。要知道，猴子本身是非常善于学习的。

那只会敬礼的猴子：动物的学习行为

2018年1月28日，难得晴天，不再下雪。我们分两路去调查，一路到太阳湾，一路到东林寺。我和小何被分到太阳湾。太阳湾已经被开发成旅游区，门口停满了游客的车。进入景区的时候，工作人员提醒我们，路面结冰打滑，没有防滑链走不远。汽车开了约40分钟后开始打滑，我们只得下车步行。

一路上都是柏油马路，这是几天来我们走过的最好的路。路的两旁是一片绿绿的柳杉林，胸径约10~15厘米，非常匀称，一看就是人工林。树种单一，缺少灌木，游客又多，很难见到动物。眼前的游客在路上打闹嬉戏。这里的保护区别具特色，兼旅游和保护两用，靠近路边的林子发展旅游，里面的林子保护动物。

我们沿着盘山公路前行，越往前走，游客越少，动物遇见率也越高。待到出现灌木的地方，一只橙翅噪鹛杵在光秃秃的树枝上。这是一种常见的鸟儿，其貌不扬，其声也不扬，平日里我极其厌恶其鸣叫声。然而今天，我对其情有独钟，因为它的叫声可以盖住后面游客的吵闹。积雪的地面上一路都是游客丢弃的垃圾，雪不堪承受游客的重量，发出咯咯的响声，像是受到莫大的屈辱而发出的抗议声。

道路一旁的斜坡上有一只长尾地鸫在觅食。茫茫大雪覆盖了食物，它在一棵长满苔藓的树上啄来啄去，不知道是否有收获。这只长尾地鸫并不是很怕人，我们可以悄悄地接近它，范围在10米之内。它开始看着我。虽然鸟类的视觉敏锐，可是也会出现双目之间存在无法重合的盲区这一问题。因此，

长尾地鸫

它要是正眼看我，那是忽视；它要是转过来斜眼看我，那是重视。果然，我往前挪动了一下，它开始斜眼看我。我又动了一下，它立即飞走，停在前方不远的地方。如今天寒地冻，食物短缺，我不能继续打扰，只好绕路而过。

临近中午，天空色变，如铅似墨。雪又开始下了，如同棉絮，恰似鹅毛，从天而降，纷纷扬扬，大地瞬间被染成白色，过往的鞋印立即消失得无影无踪。在那些不曾被人类践踏过的路段，积雪得以完整保存，足有7~8厘米厚，走在上面"咯吱咯吱"地响。前面有一处棚子，是当年开采石棉矿留下的。我们躲进棚子里，生起一堆火，将带来的干粮烤熟，算不上美味，但足以果腹。大雪天，热腾腾的烤面包就着向导带来的自家白酒，别有一番风味。

从棚子出来，我们继续前行了一段。据说河坝里有一群猴子，我们要去看看。我们远远看到一座小屋，砖瓦结构，墙面上有"X"形的裂纹，这是地震所为。2008年汶川地震的时候，这里也是重灾区。地震波以横波和竖波两种形式传播，竖波先至，横波后达，二者合力形成"X"形裂纹，如梵音索命。我们小心翼翼地从危房边上经过，看了下河坝，白茫茫一片，不见猴群，也没有足迹。

我们只好下山，下到海拔1 700米处，恰是游客最密集的地方。他们在围观路边的猴子。我大概数了一下，约有50只藏酋猴：10余只雄猴，接近30只雌猴，还有10余只青年猴。一部分雌猴带着婴猴在树上休息，它们五六只抱在一起，抵御严寒。与树上的猴子形成鲜明对比的是，路边的猴子要活跃得多，它们不时跑到路中间，向游客索要吃的，索要不成直接变成抢劫。有只猴竟然抢了一瓶"脉动"饮料，躲到树上去了。

与众多打家劫舍的猴相比，路边有一只年长的雄猴格外安静。它不曾喧闹，既不去乞讨，也不去劫掠，规规矩矩地待在自己的位置上，不时有游客给它带来吃的。这只猴有名字，叫三儿。只见旁边一位中年男子，说了一句"三儿敬礼"。话音刚落，三儿就抬起右手敬礼，引得游客一片叫好。游客给

敬礼的三儿

三儿食物作为敬礼的回报。在一声声"敬礼"中，三儿重复着单调的动作。路人的叫好声不绝于耳，一波走了，又来一波。

我却压制不住内心的五味杂陈。作为一只猴，它本不需要如此，完全可以凭借自己的智慧和双手在森林中寻找食物，繁衍生息。如今它们被人类习惯化了，成为人类招财纳宝的工具，慢慢失去了野外的习性。当三儿举起右手的那一刻，作为一只猴，它向人类的文明迈出一大步，可是再也做不回一只猴了。

为何经常与人类打交道的猴子容易变坏？

并不是所有的猴子都像三儿那样有礼貌，近年来猴子入室抢劫和打劫游客的报道屡见不鲜。即便如此，也无法将其绳之以法，因为它们享有治外法权，不接受人类的法律制裁。

猴子和人类一样属于灵长目，它们属于猴科，我们属于人科，在亲缘关系上人与猴是近亲。猴子本来有自己的生活

方式，为何干起了打家劫舍的勾当？

比利时列日大学的灵长类动物专家对猴子的抢劫行为进行了专门的研究，发现生活在印度尼西亚某寺庙附近的一群长尾猕猴长期对游客进行敲诈勒索。它们抢走游客身上值钱的物品，比如手机、相机、帽子等，然后坐等游客缴纳"赎金"——食物，来领回自己的物品。为了探究缘由，研究者花了近4个月的时间观察了寺庙周围4个不同的猴群。这4个猴群中猴子的年龄结构不同，接触游客的机会也不同。观察结果显示：接触游客最多的两个猴群发生敲诈、抢劫的概率最高；越远离人群，猴群越本分。此外，抢劫游客行为的发生概率和猴群的年龄结构有关，猴群中的年轻雄猴越多，参与抢夺的概率也越高。这里的缘由在于，猴群中年轻的雄猴在群体内的地位比较低。猴群中的高等级个体占据食物最丰富的地盘，年轻雄猴无权染指。穷则思变，年轻的雄猴要获取优质的食物，只有去开拓新的渠道。一旦它们中的一只获取了新的食物，就很容易在群体之间传播这种行为。猴群中很多新食物的获取，往往都来自年轻雄猴的探索。

对于猴子而言，相互学习和模仿并不是什么难事，比如一只猴子进行抢劫，另一只猴子模仿。但是，某种行为（比如抢劫行为）要在猴群中扩散开来，让其他猴子都学习，这可不是简单的个体间模仿了，而是一种社会学习行为。那么是什么原因让猴子进行社会学习呢？有关猴子学习动机的假说有：随大溜，模仿有经验的猴子，从父母或近亲那里学习，从自己的经验中学习。加州大学戴维斯分校的研究人员对哥斯达黎加的一群卷尾猴进行研究，发现"收益偏好"是猴群学习的动机，简单来说就是猴群是否愿意学习某种行为，取决于这种行为能否给它带来收益。以卷尾猴开坚果为例，一种有效开果方法可以在很短时间内（两周）在猴群中传播开来，即便是猴群中有些个体已经掌握了开果技术，它们也愿意学习更有效的方法。这些猴子非常善于观察、学习，也会利用个人经验学习。其中老年猴往往依靠自己的经验，而年轻的猴子更多地向其他猴子学习。

猴群中对于新发现的食物进行分享和学习获取方法自然是好事，有利于整个种群的繁衍。那么，它们发现的食物如何进行分配呢？

科学家做了一个分配方式的实验。美国科学家把7只猴（3雄4雌）关在一起，开始对其灌输"货币经济"的理念——让这群猴子学会用货币换取食物。科学家先给猴子货币，这玩意儿不能吃、不能喝，猴子直接扔出去。要想让货币发挥作用，就得赋予其价值，否则无猴问津。于是，科学家在给猴子货币的同时给予食物犒劳，并教它们如何用货币兑换食物。慢慢地，这群猴子明白了手里的货币是可以换取食物的。就这样，原本纯粹的猴子被铜臭味儿俘获了。随后，科学家向这群猴子扔出一大把货币，让其自由争抢、自由竞争，不加限制。那些身强力壮的雄猴抢得多，而身体弱小的雌猴抢得少，产生了分配差异，一部分猴子先富起来了。这些先富起来的猴子如何对待那些穷猴呢？那些拥有大量货币的雄猴兑换完食物，吃饱喝足之后，开始拿出货币和雌猴分享。不过，这种分享是有偿的，需要雌猴提供交配权来换取。其实这和自然界中的状态非常相似。在自然状态下自由竞争的猴群中，只有少数高等级的雄性个体拥有和群内雌猴交配的权利，低等级的雄猴无权染指。

实验还在继续，科研人员开始改变分配方式，不再让其自由竞争。他们先把7只猴子饿上两天，再把大量的货币只给其中的一只猴。于是，这只获取货币的猴子在制度的帮助下实现了一夜暴富。可是，它还没来得及享受食物和性，就遭到剩余6只猴的群殴，它的货币散落一地，遭到哄抢，并且自己被打伤，落荒而逃。之后，猴群再次恢复平静。

人与猴同属于灵长类动物，长期生活在人类周围的猴子很容易染上人类的气息，它们会变得更聪明，却失去了动物本身的那种纯真。

第 2 章　　**唐家河**
人与动物的战争

赵序茅和羚牛

马文虎　摄

2017年10月下旬，我受李明老师派遣，到四川调查川金丝猴的种群分布和数量。第一站到达了位于四川省青川县境内的唐家河国家级自然保护区。当时是深秋，正是唐家河最美的季节。眺望远处，山川美景一览无余，红色的枫叶、黄色的灯台树、绿色的马尾松组成一个立体的花篮，这是任何油画大师都无法勾勒出的美景。在野外追寻着川金丝猴的叫声，我找到了一个川金丝猴群，有50~100只，不过它们看到我这只"两脚兽"出现后，立即转移了阵地，在它们眼中人类是噩梦般的存在；在这里，我第一次正面近距离遭遇羚牛，它打量我一番，对我这只两脚兽没有敌意，随后悄然离去；黑熊是唐家河兽类中最具力量的兽类，可是它们并不凶猛，对蜂蜜情有独钟，在一个月黑风高的夜晚，一头黑熊悄悄进入院子里偷走了蜂蜜；在这里，我第一次遇见"陆地上的吸血鬼"，它看了看我就转身离去，我很想知道它眼中的人类是什么样的。

羚牛与人的和谐距离

白领凤鹛

2017年10月18日，我到达唐家河保护区，晚上住在水池坪保护站。院子里，一只松雀鹰在追赶大拟啄木鸟，羚牛就在对面觅食。吃过早餐，我坐着向导马文虎的摩托，沿着公路而上。公路一旁的河边有很多鸟儿，常见的有白顶溪鸲、红尾水鸲、褐河乌。红尾水鸲尾巴不停地翘起，好像是在和人类打招呼。白顶溪鸲如同参加晚会的贵妇人，头戴着一项白帽，蓝色外套，红色连衣裙，红白蓝的搭配显得老成而干练。与之相比，红尾水鸲如同简约的少女，散发着青春的气息。

摩托到达洪石坝时已经没有路，我们沿着加字沟往前步行。没走多久，发现一处粪便，我判断这是羚牛的。随着生态环境得到改善，羚牛的数量增长迅速。就在进保护区的路上，我坐在车里就瞅见10余只羚牛。羚牛是国家一级重点保护动物，以集群方式生活在亚高山地区的森林生境中，与其生活在同一环境中的狼和豺是其主要天敌。如今已经很难找到狼和豺

红尾水鸲

的身影，羚牛失去了天敌制衡。据马文虎介绍，他工作25年来只见过两次狼、一次豺。狼、豺减少给羚牛等食草动物提供了机会。再加上最近生态环境改善，羚牛的数量增长迅速也就不令人意外了。

冠鱼狗

人与羚牛本来秋毫无犯，最近却经常听闻羚牛把人给"怼"啦。10月17日晚上，在唐家河大酒店外的草坪上，有三只羚牛尽情地吃草，不知为何打了起来。早晨，客人出来后，看到酒店门口的羚牛不由得慌了，转身就往酒店里跑，羚牛在后面追赶。客人慌不择路，奔跑的时候钥匙扣卡在酒店的玻璃旋转门上，进退不得。危急时刻，马文虎挺身而出，他不停地跺脚，嘴里发出声响，这是以羚牛之道还治羚牛之身。此招果然见效，羚牛反而有些慌了。它看到两条腿的人类竟然会它们老牛家的本领，转身离开了。

看到此处遍地新鲜的粪便，我不由得紧张起来，想象着如果我和羚牛在这密林中相遇，那会是怎样一番场景。它将怎样看待用两条腿行走的人类？在这片土地上，它才是主宰。无论是在数量、体重，还是力量上，我都无法和它相比。羚牛脾气大，体型庞大，近年来常有羚牛在路上撵人或下山闯入农舍撞人的报道。中科院动物所的宋延龄研究员是研究羚牛的专家。1995年

蓝鹀雌鸟

蓝鹀雄鸟

普通鵟

8月至1996年8月，她带领团队对羚牛进行监测，观察并总结了羚牛与人相遇后的四个阶段：

第一，发现阶段。羚牛对于人类的防备和对待天敌如出一辙，它们在活动时会时刻警惕周围的两脚兽（人类）。羚牛通过视觉、嗅觉和听觉观察周围的情况。其中羚牛的视觉只擅长观察运动的物体，不适合静止的物体。这个时候，它的听觉就发挥作用了，羚牛能通过听觉辨别异常情况。此外，羚牛的嗅觉非常灵敏，在顺风的时候更加敏锐。当然，视觉、嗅觉、听觉在侦查周围情况时可以单独使用，也可同时或交替使用。与开阔的草原和植被稀疏的石山相比，森林中的可见度较低，生活在森林中的动物往往更多地依赖听觉，而不是依赖视觉和嗅觉来发现异常情况。这一点已在羚牛身上得到了证实，羚牛主要靠静听发现异常情况（70%），嗅闻和观望各占15%。灵敏的听觉可以使羚牛在较远处就发现异常情况，从而及时躲避。羚牛发展了更加灵敏的听觉（相对于视觉和嗅觉而言），是对其生存环境的适应。

第二，预警阶段。如果羚牛发现周围异常，有人类或者其他天敌靠近，就会警觉地观察并判断危险性的等级，决定下一步的行为。羚牛站立不动，抬头盯视目标。如果目标不动，羚牛会继续先前的活动。

第三，示警阶段。羚牛发现威胁因素后，通过鼻腔发出"呋呋"（音fū）的声音，向同伴传递信号，距威胁源越近，"呋呋"的声音越响。在成群的羚牛中，只要有一个个体发现危险，它就会迅速转身或突然跑动，发出声响，向同伴示警。

第四，御敌阶段。羚牛发现危险并示警后，稍远处的其他羚牛全部停止采食，慢慢靠拢。当牛群中有亚成体及幼牛时，雄牛会守卫在外围并向具有威胁性的异类进逼，母牛带领亚成体及幼牛先逃走，公牛最后逃走。逃跑是羚牛躲避危险的主要行为，羚牛迅速转身，向下坡沿一个方向或分群逃跑。

群牛在逃跑时具有分群现象。羚牛群体越大，分群逃跑的可能性就越大。分群逃跑可以分散捕食者的注意力，增加存活下来的机会，是一种羚牛遇敌害时求生存的策略。当群体较小时（少于10只），羚牛一般不分群逃跑。羚牛的奔跑能力很强，常常可以迅速通过坡度大于60度的地段，进入林中躲藏。

在野外羚牛与人相遇的形式有三种：偶遇型，双方在毫无准备的情况下突然遭遇；作死型，人先发现羚牛并主动接近；中奖型，羚牛先发现人。发挥你的聪明才智，思考下哪种后果严重些？

人害怕羚牛的同时，羚牛也害怕人类。在羚牛的眼中，人类是一种可怕的两脚兽，和狼、豺没啥区别。逃离危险区域是羚牛的主要防御策略，只有在所有和平的努力都不起作用的时候，攻击才会成为最无奈的选择。这个时候，羚牛会主动迅速地向人冲去，一般沿一个方向冲撞后逃走。与成群的羚牛相比，单独活动的羚牛攻击人的可能性更大，尤其是当距离危险源很近时（不到5米）。距离产生美，人与羚牛（特别是独牛）的距离越近，受到攻击的可能性就越大。

当然，羚牛与人也有和谐相处的时候。水池坪对面的山坡有一处平地，是被羚牛踩踏出来的。它们几乎每天早晨都来这里。无利不起早，羚牛每天来是因为人类经常在此撒盐。对羚牛而言，盐是身体必需的物质。当然，在野外它们有自己寻找盐的渠道，会到一些含盐的石头上舔舐。不知道它们品尝人类的食盐时，会是一种怎样的感觉？应该比自然界的纯正多了。反正它们爱上了这种味道，否则也不会天天来。

毛冠鹿

不仅是羚牛，毛冠鹿也是这里的常客，经常光顾院子。很多时候在人类认识动物的同时，动物也会认识人类。它们有自己的情感和思考。比如我看到的这两只毛冠鹿和保护区就颇有渊源。不知从何时起，它们发现了这块地方，无意中走到了这个院子里（或许是好奇，或许是路过）。它们发现院子里有食物——剩菜残羹，虽然不知道是什么，但是散发着一种独特的香气，这是自然界中享受不到的。胆大的毛冠鹿偶尔品尝下，发现味道还不错。后来，它们发现院子里有用两条腿行走的动物，不知是敌是友。它们本能地警惕起来。再后来，它们发现这些两条腿的动物并没有伤害它们，就习以为常了。这或许就是毛冠鹿眼中的人类。

在这片土地上，动物才是主宰。只有距离才能产生美，尤其是在中国绝大多数野生动物都将人类当作天敌的情况下，这种距离格外重要。

人与蝗虫的战争史

10月19日清晨，我在院子里的沙发上看到一只螽斯，它在那里一动不动。我以前专门拍过螽斯，根本跟不上它的脚步。如今它却待在那里一动也不动，如同一个模特摆出优美的造型。它全身绿色，触角长得和身体不成比例，后面两条大腿粗壮有力。绿色的身体是一种绝佳的保护色，它以此躲避天敌的袭击。

我不知道它如何看我，它看到的世界与人类不同。昆虫有复眼，比人类的眼睛看到的更加丰富，可以轻松锁定运动的物体。令我奇怪的是，我一直在动，并且离它很近，可是它依旧不动。按照以往的惯例，它只需一跃就可以跳到我视线范围之外，甚至不需要飞行。我好像突然明白了些什么，或许它已经老态龙钟，走到了生命的尽头。它或许要在生命的尽头看看人类居住的地方，那是它一生躲避的地方。

我担心别人会无意中伤害到它，想让它去该去的地方。我轻轻地将它拿

螽斯

起，放到院中的草地上。送走了螽斯，我在河边发现一只蝗虫，它通体绿色，头和身体相比显得略大，头部上方有一对触角，比较短；它的前胸背板异常坚硬，像马鞍一样延伸到左右两侧，中、后胸愈合在一起不能活动。看我靠近，它一跃而起，在不远处停了下来。它的足非常发达，尤其是后足强劲有力，让它成为名副其实的跳跃专家。它的胫骨带有尖锐的锯刺，是有效的防卫武器。它以为这样就可以躲避我这只两脚兽，可是我穷追不舍。我再次发现它，原来它背上还有一只小蝗虫。不知道它们是什么关系，按照身体的比例来看，它们或许是母子。身上背着同胞很明显会影响它的运动，它找到了一个"庇护所"：一块石头凹进去的地方。之后，它躲在洞中，无论我如何靠近也不离开。在它眼中，这个洞口可以将我这个庞然大物挡在外面。

人类与蝗虫打了几千年的交道。人类惧怕蝗灾，想尽各种办法试图灭其九族。蝗虫也害怕人类，在它的眼中，人类的恐怖或许超过一切天敌。人对于蝗虫的认识要远比蝗虫对人的认识深刻。古代对于蝗虫的记载是一部灾难史。《诗经》中称蝗虫为"螽"或"蝝"，《春秋》里明确记载鲁宣公十五年（公元前594年）："冬，蝝生。饥。"战国后多称蝗。最早记载蝗虫的是《吕氏春秋·孟夏纪第四》："行春令，则虫蝗为败。"《礼记·月令》有"蝗虫为灾"的记载。唐宋以后，造纸术的改进和纸张的普及为历史的记载提供了极大的便利，蝗灾的记载也越发详细。

唐兴元元年秋（784年），"关辅大蝗，田稼食尽，百姓饥，捕蝗为食"。贞元元年（785年）夏，"蝗，东自海，西尽河、陇，群飞蔽天，旬日不息。所至草木叶及畜毛靡有孑遗，饿殍枕道"。

宋淳化三年（992年）六月，据古籍记载，"甲申，飞蝗自东北来，蔽天，经西南而去。是夕，大雨，蝗尽死"。秋七月，"许、汝、衮、单、沧、蔡、齐、贝八州蝗"。

元至正十九年（1359年）五月，"山东、河东、河南、关中等处蝗飞蔽天，人马不能行，所落沟堑尽平"。"（蝗）食禾稼草木俱尽。所至蔽日，碍人马不能行，填坑堑皆盈。饥民捕蝗以为食，或曝干而积之……"

蝗虫

明成化二十二年（1486年），"三月，平阳蝗。四月，河南蝗。七月顺天蝗"。

清咸丰七年（1857年）春，"昌平、唐山、望都、乐亭、平乡蝗，平谷蝻生，春无麦。青县蝻好生，抚宁、曲阳、元氏、清苑、无极大旱，蝗……武昌飞蝗蔽天。枣阳、房县、郧西枝江、松滋旱蝗，宜都有蝗长三寸余。秋……黄安、蕲水、黄冈、随州蝗；应山蝗，落地厚尺许……钟祥飞蝗蔽天，亘数十里……"

据记载，从鲁桓公五年（公元前707年）至清光绪三十三年（1907年）止的2614年中，共发生蝗灾508次。在中国古时候，蝗灾可是与水灾、旱灾并列的三大自然灾害之一。蝗灾一旦兴起，遮天蔽日的蝗虫大军可以顷刻间把地里的庄稼洗劫一空，更为恐怖的是蝗灾往往在旱灾之后到来。古人多靠天吃饭，一旦地里的庄稼没了收成，接下来便是饿殍遍地、揭竿而起，甚至导致亡国灭种。

古籍中记载的蝗灾大部分是由东亚飞蝗造成的，飞蝗是蝗虫中危害最大的，虽然只有一个物种，但有很多亚种。在我国，为害的飞蝗主要有三个亚种：东亚飞蝗、亚洲飞蝗和西藏飞蝗。可是面对眼前这只形单影只的蝗虫，我很难明白它们是如何成灾，如何呼风唤雨的。

一般而言，蝗灾的发生要满足两个条件：其一是数量突然增加；其二是大规模集群。蝗虫一直都存在，一般情况下蝗虫受限于自然条件，种群数量维持在比较稳定的状态。平日里农田、地头间三三两两的蝗虫飞舞，是无法构成灾害的。只有数量突然暴增，才可能产生危害，中国古代有"旱极而蝗"的说法，认为蝗灾往往和旱灾相生相伴。蝗虫是一种喜欢温暖干燥的昆虫，干旱的环境有利于它们生长发育。中国古代皇帝不仅把蝗灾归结为天灾，还认为地方官员不作为会导致蝗灾。现代科学研究表明蝗灾不仅是天灾也是人祸，比如过度放牧会导致蝗灾发生。对中国危害最大的是亚洲小车蝗，小车蝗属在世界上有30多个种，是欧洲、非洲、亚洲和澳大利亚等地区的重要草原和农业害虫。亚洲小车蝗喜欢氮含量较低的食物，高氮食物会使它们的大小和生存能力都有所下降。而重度放牧土壤中氮含量枯竭使得植物含氮量降低，为亚洲小车蝗的生长和发育提供了绝佳的机会。

环境条件和人为活动导致蝗虫数量突然增加，这是蝗灾形成的第一步。蝗虫平时都喜欢独居，只有突然大规模集群之后才能造成更大的危害。蝗虫的集群同样需要条件。蝗虫为何聚集也是许多昆虫专家研究的热点问题。英国牛津大学的动物学家发现，当蝗虫后腿的某一部位受到触碰时，它们就会改变原来独来独往的习惯，变得喜欢群居。

蝗虫身上可能具备某种让它们集群的"按钮"，也就是说某些触觉因素使蝗虫改变习性。牛津大学的科学家对处于独居阶段的沙漠蝗虫进行试验，反复触碰它身体的多个部位，寻找让蝗虫集群的按钮。结果他们真的找到了，让蝗虫集群的按钮就在腿部的某个部位，在这个部位受刺激之后，它们就会突然变得喜爱群居，而触碰身体其他部位都不会产生这种效果。在某种自然环境中偶然聚集的蝗虫后腿彼此触碰，可能导致其改变习性，开始成群生活，其成员以同一方式大量增加，进而形成蝗灾。那么，到底是哪些化学信号刺激了蝗虫的神经系统促使其行为发生改变？英国牛津大学与剑桥大学的研究人员发现蝗虫的集群受到一种叫5-羟色胺的化学物质影响。平日里蝗虫之间彼此嫌弃，一旦它们体内的5-羟色胺水平升高，它们就会摒弃"个虫成见"，聚集在一起。5-羟色胺这种化学物质在蝗虫大脑中比较常见，如同武侠小说中的"圣火令",可以号召蝗虫聚集在一起。处于集结状态的蝗虫体内的5-羟色胺水平比独处状态的蝗虫高出近3倍。

一旦具备上述两个条件,蝗虫群会越聚越大。一个数量多达400亿只的蝗虫群一天可以吃掉8万吨食物,相当于40万人一年的口粮。吃光一个地方之后,它们就会起飞、迁徙,吃光,再迁徙。飞蝗成群后一般可以迁飞600千米,有些能够迁徙数千千米,这期间会有新的蝗虫不断加入它们,蝗虫的群体会越来越大,后果不堪设想。

古人为了对付蝗虫可谓绞尽脑汁,历朝历代的奏折中都有灭蝗的方法,其中以明代科学家徐光启《农政全书》中的《除蝗疏》最为经典。徐光启根据历史上记载蝗灾的时间和地点,总结出两点:其一,蝗灾发生时间,"最盛于夏秋之间,与百谷长养成熟之时正相值也,故为害最广"的结论;其二,蝗灾发生地点"幽涿以南,长淮以北,青兖以西,梁宋以东,诸郡之地,湖漅广衍,旷隰无常,谓之涸泽,蝗则生之",首次划出了中国宜蝗区范围,并在总结的基础上提出灭蝗的方法——"涸泽者,蝗之本原也,欲除蝗,图之此其地矣",有些办法一直应用到中华人民共和国建立初期。

蝗虫对人类的影响不分国界,2016年俄罗斯政府宣布进入紧急状态,就是因为遭遇了30年以来最严重的蝗灾。漫天飞舞的蝗虫从俄罗斯南部经过,一时间日月无光,天地昏暗,犹如世界末日。据报道,此次蝗灾造成俄罗斯境内10%以上的农田被毁,受灾面积高达7万公顷。这其实就是一次蝗虫大迁徙,只不过它们的数量过于庞大,经科学调查发现,这些蝗虫竟然来自遥远的北非。

看似不起眼的昆虫在迁徙途中可以爆发出惊人的能量,它们的迁徙不仅仅是完成自己生命的传承,更能影响到整个生态系统,比如:南美洲一只蝴蝶拍拍翅膀,几周后美洲就会出现龙卷风(蝴蝶效应)。近年来,科学家发现昆虫迁徙量大得惊人,仅仅在英格兰每年昆虫的迁徙量就高达惊人的3.5万亿次,重量加起来可以达到3 200吨,相当于一艘小型驱逐舰的排水量。如此庞大的生物量放在整个生态系统里也不是小数目,它们影响深远。对于生态系统中以昆虫为食的动物而言，这是一次饕餮大餐；反过来，这些昆虫会对植物的生长造成影响。因此，昆虫的迁徙不仅是自己的事情，还影响到捕食者、猎物以及竞争者。此外，这些昆虫本身就是一种巨大的能量和营养物质，还有可能携带大量的病原体进行转移，对于整个生态系统的物种循环和能量流动，都有着不同寻常的影响。

在人类的历史上，那些看似强大的猛兽（比如狮、虎、豹）并没有带来多大的伤害。相比之下，这看似弱小的蝗虫竟然危害无穷，成为人类的历史性灾难之一。看来强弱之势绝非定数，强者未必恒强，弱者未必恒弱。人类需要重视地球上存在的每一个物种，哪怕它看似微不足道。

大雾中的精灵为何视人类为恶魔？

10月20日早晨，院子里的树上停了一群红头长尾雀。我出门走了几步，两只小麂就在河对岸觅食。这里经常有人撒盐，野生动物常常光顾。往前走几步，独角羚依旧在那里觅食，距离我不足10米。如果是其他羚牛，它们会停下来看看你，这个距离不足以让它感到安全。可是独角羚眼中的人类和其他同类不一样，它知道这些人类不会伤害它。

我们一行五人进山寻猴，小郭和李师傅一组，我和小白、马叔一伙。我们要去剪刀沟。小郭一行在石桥河左手边上山，我们兵分两路在剪刀沟的山顶汇合。刚走了没多久，一群藏酋猴出现在路边。它们有的坐在路边，有的在树上。和别的猴不同，此猴最大的特点是尾部特别短，几乎缩成一颗球。看！坐在路边的一只大雄猴威武雄壮，黑色的毛发如同大哥的披风，红色的脸颊略显狰狞，一看这猴就来者不善。这群猴子曾经被习惯化，它们对于人类的认识比其他群体深刻。在它们眼中，护林员就是衣食父母，不会伤害它们。

小麂

　　告别藏酋猴，我们沿着蜿蜒小路慢慢而上，地面雾气很大，虽然没有下雨，但依旧湿漉漉的，非常滑，必须小心翼翼地走。我们从山沟上去，沿着山梁往上爬。沟中植被丰富，山核桃是优势树种。一路走，一路发现动物的痕迹。到处是野猪翻耕的土地，我们在一堆箭竹旁发现了野猪的巢，它把竹叶堆积在一起，铺垫在下面。没想到粗犷的野猪也有如此细心的一面。往上走了几步，山椒树和荚蒾红黄相映，和绿色的背景融合在一起，活脱脱的一幅油画。

　　中午时分，我们来到一个山坡上，发现了川金丝猴的粪便。突然，前面传来树枝折断的声音，如同平地里的惊雷。我们兴奋不已，这很有可能是川金丝猴折断树枝发出的声音。我们继续往山顶上爬，到了海拔2 100米处，发现了一段一段被剥了皮的新鲜的树枝，这是川金丝猴的杰作。

　　川金丝猴爱吃新鲜的树皮，它们把树枝折断，截成20厘米左右的树枝，而后把树皮啃得干干净净。有了食物的痕迹，说明不久前它们在这里待过。我们往上走，到了马尾松和小尾杨的混交林，听到"咩咩"的叫声，像

独角羚牛

羊叫。这是我们期待已久的声音，是川金丝猴发出的。山顶上活跃着一群猴子，我们正欲上山，小郭绕过来和我们汇合。此时是中午，正值猴群休息，是一个绝佳的观猴时间。它们的警惕性非常高。我们商定丢下重装备由马叔照看，其他人从斜坡上去。为了不惊动猴群，我们格外谨慎，走在草坪上，不敢去踩树枝。我们慢慢爬上来，快到梁子上时做最后的观察。最高的那棵马尾松在幅度很大地晃动，是川金丝猴在打架。我的心跳到了嗓子眼里，这是我第一次在野外近距离看到川金丝猴，又激动又兴奋。我们匍匐向前，湿漉漉的草坪打湿了衣服。顾不得那么多了，前面的川金丝猴让我们忘记了一切，迫不及待爬上梁。突然传来"夹—夹"的叫声，不好！这是川金丝猴的警报声。尽管我们如此小心，还是被它们发现了。

在川金丝猴的眼中，人类完全是恶魔般的存在。在历史上，川金丝猴曾经广泛分布在中国东部、中部和南部。从唐朝开始，川金丝猴由于拥有华丽的毛发而成为贵族的马鞍或坐垫，遭到大量捕杀，如今只分布在四川、湖北、陕西的高山地区。对于人类的惧怕已经深深刻在它们的基因中,川金丝猴一发现人类的痕迹就远远躲开。

在这密林中,人类的视力无法和川金丝猴相媲美。它们世代生活在密林中,早已练就了一双火眼金睛。更何况它们活跃在树上,占据地理优势。我快速趴下,希望不被它们发现。树上的猴子纷纷开始转移,它们在树上移动得非常迅速。我到了山梁,下面的猴子一群有20多只,主雄猴在树上。它们如同接到警报似的,纷纷往树上跑。最先上树的是那些小猴,对它们而言树上才是赖以生存的庇护所。这里树木茂盛,可以在树上观察转移。大公猴比较淡定,估计它也见过不少用两条腿行走的动物。它等待家人们都转移好,才慢悠悠地爬上树。猴群虽然惊慌,但仍然有秩序地撤离。

山上弥漫着大雾,加上茂密的树林,能见度不足5米。我们仅能看到一只只猴子的身影。我猜弥漫的大雾对于猴群也不算快乐的事情,它们并没有离开太远,只是移动到附近觉得安全的地方。

我们开始下山,回到山坡上。一棵巨大的水榛子树下有几段被折断的树枝。抬头看树上,也有被折断的树枝已经干枯。这是黑熊所为,秋季它们喜欢榛子树的果实,里面含有丰富的淀粉。看这树枝的干枯情况,它们应该一周前来过。旁边不远处留有其爪痕和粪便。

下午这里的动物开始活跃。我们下去不久,一只勺鸡飞了起来。这种鸟儿非常善于隐蔽,它们趴在竹林中,和周围的环境融合在一起。可是,当马叔经过的时候,它突然飞出来,吓了我们一

斑羚

跳。它早就发现我们了，看来它对自己的隐身不是很有信心，关键时刻走为上策。不久，雄鸟也飞了出来，它比雌鸟淡定一点儿，但依旧害怕被发现。

再往下走，野猪更加机敏，溜之大吉。不远处的斑羚比较有趣，它躲在一块洼地里。我们看着它，它也看着我。可是，它并没有立即逃跑。它在做最后的考量，看看这群人到底有没有发现它。动物明白运动的物体更容易被发现，不到万不得已它们不会移动。

萌萌的"喵星人"：天使还是恶魔？

10月21日下起了小雨，山路泥泞，不适合爬山，正好空出时间整理下这几日的见闻感受。我在蔡家坝休息，遇见一只大黄猫，就叫它蔡家猫。它是一只普通的家猫，可是眼睛炯炯有神，神采飞扬。据它的主人说，蔡家猫基本上不用喂食，它靠自己打猎为生，可以抓飞鸟，捕松鼠。怪不得这猫虎虎生风，"战斗猫"果然非同一般。

蔡家猫最引以为豪的战绩就是两次大战果子狸，奇迹般生还。果子狸是一种凶猛的小型兽类，体型比家猫大得多。一般的家猫根本不是果子狸的对手。果子狸喜欢吃柿子，我们到处可以看到它们在树上折断的树枝。虽然名为果子狸，但它们异常凶猛。它们群居生活，集体狩猎。蔡家猫和果子狸交手两次，一次舌头被咬伤，一次腿被咬伤。至于果子狸是否受伤就不得而知了。蔡家猫两次重伤都自然恢复过来，顽强的生命力令人赞叹！

果子狸厉害，家猫也不是吃素的。果子狸和家猫都可以算是夜行性动物，我好奇的是它们晚上如何看东西。家猫是典型的夜行性动物，能够在晚上看清东西。它靠的不是什么夜视仪，而是晚上对于光线超强的感应能力。它们可以把瞳孔眯成一条线，感应微弱的光线。另外，它们的两只眼睛看物体时存在时间差，它们正是利用这个时间差来感知动物的运动。

这只蔡家猫让我想起了电影《惊奇队长》中那只出尽风头的橘猫，它的名字叫"噬元兽"。很多人都认识橘猫，却很少有人懂橘猫。橘猫是一个人们对家猫的俗称，并不是一个品种。橘猫的学名是*Felis catus*，翻译成中文就是野生斑猫。

所有的家猫都是野生斑猫的亚种，早在一万年前，人类就已经驯化了家猫。前不久，考古学家在塞浦路斯的墓葬中发现了一只家猫的遗骸，测定距今9 500年，说明那个时期人类就与猫产生了密切联系。古埃及人在6 000年前就已经驯化出家猫，埃及法老的金字塔里也有成千上万的"猫乃伊"。

电影中的神盾局局长是"猫奴"，最喜欢的事情就是"吸猫"。最初人类驯化家猫可不是为了吸猫。人类有目的地把野生斑猫驯化以对抗老鼠。家猫被驯化后，一些航海的船员也特别喜欢携带家猫出海，用来抓船上的老鼠。随着海员出海，家猫的足迹席卷了整个亚欧大陆和非洲大陆，乃至今天遍布世界，有人类存在的地方就有喵星人。虽然家猫和人类打了上万年的交道，按说应该彼此了解、知根知底，可是大多数人根本不了解家猫。

家猫都是近视眼，聚焦范围在0.3~3米，3米以外的物体在它们眼里是模糊的，5米以外它们根本分不清你是人还是狗。眉毛和胡须是家猫重要的感觉器官，这里面包含大量的神经末梢，可以感知周围的风吹草动。有些人有事没事给橘猫吃蛋糕。殊不知，猫科家族在早期演化过程中丢失了对"甜"的味觉，根本尝不出甜味。

电影中的噬元兽虽然外形是喵星人，但其法力空前强大，它的胃连接另一个平行宇宙空间，可以吞噬几乎一切物体。现实中，家猫也是很厉害的，只是很多人被它萌萌的外表欺骗了。对于一些弱小动物而言，家猫（尤其是流浪猫）如同吃人的老虎。就捕猎能力而言，家猫比它们在野外的亲戚（比如狮子、老虎、豹子）有过之而无不及。家猫身体非常灵活，跳跃高度可达自身身高的5倍，借助爪子的肉垫可以从10多米的高空落下而毫发无损。捕猎的时候，家猫先用耳朵定位猎物，然后瞳孔收缩，同时摆动臀部，预热肌肉，悄无声息地扑向猎物。相比之下，流浪猫的捕猎能力远远超过流浪狗。

美国科学家洛斯（Loss）等人2003年曾就流浪猫对生态系统的危害进行详细的研究和调查。结果显示：流浪猫的食谱包括约25%的鸟类和约60%的哺乳类，在美国每年捕杀14~37亿只鸟类、69~207亿只哺乳类。猫科动物有捕杀的习性，相比于主人的食物，它们更倾向于自己获取野味。流浪猫（完全不需要主人喂食）的捕猎能力大概是宠物猫的4倍。流浪猫捕食的猎物体重多在200克以下，它们给许多鸟类和小型哺乳类动物带来灭顶之灾。美国鸟类协会的统计认定猫是鸟类的"第二号杀手"，其危害程度仅次于"栖息地破坏"。流浪猫严重破坏了当地生物多样性，尤其是鸟类多样性。

流浪猫强悍的捕猎能力已经对生物多样性造成严重破坏，并且这种破坏不可逆转。在过去500年间，美国史密森尼候鸟研究中心的研究结果表明流浪猫直接或间接造成63个物种灭绝，有33个物种的灭绝与猫的捕猎有关。在英国估计有900万只猫，其中800万只宠物猫每年至少捕杀2.75亿只动物，剩下100万只流浪猫捕杀的动物数量恐怕还要大于此数。以澳大利亚为例，18世纪末欧洲人到达澳大利亚的时候，随之而来的猫咪由于没有天敌制约，很快在澳大利亚兴风作浪。在此后短短100年的时间内，大耳窜鼠、短尾窜鼠、白足澳洲林鼠、宽脸长鼻袋狸等多个物种相继灭绝。

此外，猫具有超强的繁殖能力，这为流浪猫的扩张提供了先决条件。猫的妊娠期一般是两个月，哺乳期也是两个月，而且猫一年可以繁殖两三胎，每胎一般产2~6只。猫7~8个月性成熟，寿命可达10~15岁。对于这些数字，一般人可能没有概念。举个例子，你就知道数字背后的力量了。一对猫及其后代7年中可以繁衍20万~40万只，100对猫就是2 000~4 000万只，相当于北京市的人口了。况且，子又有子，子又有孙，猫子猫孙无穷尽也！当然，这仅仅是理论的估测，现实中并没有出现遍地是猫的场景。实际情况下，由于疾病、食物限制、非法捕杀等原因，流浪猫的寿命多在3~5岁，很少超过10岁。但是，由于中国流浪猫的基数庞大，仅北京保守估计就有15万~20万只，加上猫强悍的繁殖能力，中国流浪猫问题依旧严峻！

目前国际上对待流浪猫的主要措施是TNR（Trap，Neuter，Release，即：捕捉—绝育—释放），当然领养也是一种好的方式。比较激进的方式是捕杀，澳大利亚政府就曾计划捕杀200万只流浪猫对其实施安乐死。澳大利亚濒危物种专员格里高利·安德鲁说："杀死流浪猫不是因为我们恨猫，而是为了保护濒危动物。"

人类对弱小动物心存怜悯，这是人性的光辉，可是大自然拥有自己的规则，人类的怜悯必须尊重大自然的规则，否则人类怜悯的弱小动物也可能带来灾难性的影响。

动物进化史上的无奈之举

从蔡家坝回来，我在沿途看到几个蜂箱，这是当地养蜂人招引的，主要是中华蜜蜂。人类为中华蜜蜂提供繁殖的场所，它们在此繁殖，生产的蜂蜜除一部分自己食用外，大部分被人类取走。每年的农历七月十五日是蜂农收割蜂蜜的时候，保护区的人一年收割一次，给蜜蜂留下些蜜，以供它们越冬。有些贪心的蜂农会将大部分蜜取走，冬季给这些蜜蜂喂人工糖水。我不知道在蜜蜂眼中人类的行为是善还是恶？人类为蜜蜂提供繁衍的场所，如果蜜蜂有意识，它可能会感激；可是人类又将它们的大部分劳动果实占为己有，是不是应该被憎恨？人类与蜜蜂究竟是合作共赢，还是相互利用，或者是一方被另一方利用，好像很难说得清楚。

在唐家河打蜜蜂主意的不仅有人类，另外一种动物对蜂蜜也是情有独钟。还记得《西游记》中第一个出场的黑熊怪吗？

> 雄豪多胆量，轻健夯身躯。
> 涉水惟凶力，跑林逞怒威。
> 向来符吉梦，今独露英姿。
> 绿树能攀折，知寒善谕时。
> 准灵惟显处，故此号山君。

它是所有妖怪中少数对唐僧肉不感兴趣的，单单对唐三藏的紫金袈裟爱不释手。于是在一个月黑风高的夜晚，它盗走了唐三藏的袈裟。在唐家河保护区，也有一个"黑熊怪"，它也前来盗取东西，只不过它感兴趣的不是袈裟。

在森林生态系统中，黑熊是一种独特的存在，它长着庞大的身躯，拥有强大的力量，却以杂食为主，包括昆虫、鱼类、鸟卵、雏鸟，以及植物的根、叶、果实等。这里的黑熊属于亚洲黑熊，是我国分布最广的一种熊，从华南、华东到东北，理论上讲有阔叶林的地方它都有可能生存。在进化史上，亚洲黑熊的祖先曾广泛分布在亚欧大陆，并且分化出了熊属的其他种，如美洲黑熊、棕熊和北极熊。在唐家河保护区，大型食肉动物如老虎、金钱豹、豺、狼都已经隐退江湖，黑熊成为这里力量的象征。尽管黑熊胆子极小，绝大多数的时间里都在采集昆虫和植物果实，但对人类而言，黑熊时刻都是恐怖的存在。人类在黑熊面前是一种奇怪的动物：一方面，人类很弱小，就个人战斗力而言，黑熊远胜人类；另一方面，人类极其善于利用工具，可以轻而易举地把黑熊杀死。

在唐家河黑熊的食物来源极为丰富，它尤其对蜂蜜情有独钟。我们经常

可以看到野外树下的土蜂窝被毁，那很可
能是黑熊的杰作，它看见野生的蜂窝，会
立即撕开来取食里面的蜜。蜜蜂具备强大
的防御能力，还有毒刺作为化学武器，可
是面对黑熊的侵犯，它们往往无计可施。
黑熊有长而厚、浓而密的体毛护身，再加
上它身上的脂肪层很厚，蜜蜂不管怎么蜇
都拿它没办法。黑熊偏爱蜂蜜是有原因的，
每100克蜂蜜中含有321大卡的能量，人类
食用一勺蜂蜜（约5.0克），需要散步11分
钟才能消耗完。野外食物很多，可是能量
高度浓缩的食物是任何一种野生动物都无
法抗拒的，黑熊也不例外。黑熊喜欢吃蜂

黑熊吃蜂巢留下的痕迹

蜜，它们会在森林中四处寻找。可是，森林中任何一处蜂巢都不可能像人类
的蜂箱那样集中。以黑熊敏锐的嗅觉，它不会不知道人类蜂巢的位置。只是
黑熊天性胆小，对人类充满了畏惧，以它的智商应该会明白这些蜜蜂在人类
控制的环境下，获取蜂蜜要面临风险。正所谓富贵险中求，蜂蜜对于黑熊而
言诱惑实在是大，这是它无法抗拒的。

　　马文虎回忆，在8月15日那个月黑风高的夜晚，不知是巧合还是精心寻
觅的结果，一头黑熊发现了水池坪保护区内的蜂箱。黑熊的嗅觉极为灵敏，
在几千米之内都可以闻到这股美味。黑熊悄悄地跑到院子里，用强有力的爪
子轻而易举地将蜂箱掀开，尽享里面的蜂蜜。这是它在自然界中不曾遇到过
的蜜源，自然中也有蜂蜜，可是没有这么集中。这里的300多个蜂箱一年可
以产4 000千克蜂蜜。黑熊大快朵颐后，悄悄地溜走了，留下一片狼藉，蜂
箱的碎片被丢得七零八落。

　　黑熊不知道这些蜂蜜是保护区的扶贫项目。它当然不会关心这个，毕竟
它是一头熊，没有必要为人类的事业操心。它只关注那里有美味可以填饱肚

红外相机拍下的黑熊

子，其他的就超出了熊的认知范围。这只黑熊尝到了甜头，过了几天它又来了，还是老地方。红外相机拍摄的时间显示，这只黑熊晚上8点左右就在附近的林子里。可能当时院子里人多，它不敢进来。的确，上次的蜂蜜被黑熊偷吃后，领导极为重视，严令保护区的工作人员严防死守。不过，黑熊比人类有耐心，它在林中等待，一直等到午夜人们都熟睡了，它又过来了。这一次，它可能觉察出周围的异样，于是减少了作案时间。它把蜂箱掀开，取出里面的蜂蜜，不在当场食用，而是抱着蜂箱往林子中跑。它知道人类已经发现，此处不宜久留。虽然保护区的红外相机记录下了黑熊盗蜜这一幕，可是黑熊是国家二级保护动物，奈何不得。就这样，整个8月份，黑熊偷吃了人类十几箱蜂蜜。9月份后，树上的果实熟了，它有了更感兴趣的食物，来得就少了。

不过，黑熊与人类也存在温馨的时刻。2000年年初，华盛顿大学和唐家河保护区合作研究黑熊，通过给黑熊佩戴无线电颈圈来监测它们的行踪。最困难的地方在于抓捕黑熊。当时马叔是直接参与者，研究人员通过诱捕抓住了一只母熊。这是一只带有孩子的母熊，有两个一个月大的黑熊宝宝。由于受到惊吓和干扰，母熊佩戴好颈圈后就把幼熊遗弃了。解铃还须系铃人，既然人类惹了祸，还得人类承担幼熊的抚养责任。于是，马叔他们把幼熊带回保护站，进行人工饲养。在人类的呵护下，幼熊健康成长。它们对于人类的认识发生了变化，由开始的恐惧变得温顺。幼熊认识到这些两脚兽非但不会伤害它们，还会给它们提供食物。幼熊渐渐对两脚兽产生依赖，它们如同依赖母亲一样依赖人类。离开人类它们将无法生存，它们将人类当作自己的义亲。

这其实也是一种印记行为，最初由奥地利科学家劳伦兹在鸟类中提出。简单来说就是动物在成长的特定时期所具备的行为特性。比如，小鸭孵化后会把第一眼看到的事物当成父母。如果第一眼看到人类就把人类当成父母，第一眼看到鞋子，就会把鞋子当成父母。黑熊的印记行为与之类似，在长期与人类的相处中，它们受到了驯化，产生了对人类的依赖。这种依赖很难去掉。为了幼熊的健康生长，需要将其野化放归。成为一只在野外生存的真正的熊，而不是在人类的庇护下生存，这可不是一件容易的事情。为了让幼熊适应野外的环境，护林员开始让其自己寻找食物，减少人为的食物投送。三个月后，到了放归的时候。马叔他们把幼熊带到野外，然后自己偷偷溜回来。可是黑熊每次都能回来。黑熊的嗅觉灵敏度是警犬的6倍。它们可以准确找到回家的路。人类回家和黑熊有很大的不同，人类靠空间记忆，而黑熊靠地面留下的气味。它们能根据路上留下的气味，准确找到回家的路。

无奈之下，马叔他们把幼熊装进口袋里，蹚河走，这样就不会留下痕迹，幼熊无迹可寻。此招果然见效，幼熊无法回家。终于把幼熊送走了，马叔他们也松了一口气。世事无常，一个月后，工作人员去野外做调查。突然，一只黑乎乎的动物一下子从密林中蹿出来。小唐一下子被吓住了，呆若木鸡。他恐惧到了极点。一般情况下，听到人类活动的气息，黑熊就会早早离开，这次却不一样。原来是幼熊嗅到了人类的气息，就跑了过来，如同见到了久违的亲人。它抱住马叔的腿，又亲又咬，对黑熊而言，这是一种亲密的行为。马叔突然意识到这是之前他们收养的幼熊。幼熊认出了他们。

和幼熊亲密了一会儿，马叔告别了幼熊。为了不被跟踪，他沿着河流走。后来就没有再发现幼熊。

其实，人类认识动物的时候，动物也在审视人类。黑熊只不过偷吃了人类几箱蜂蜜，人类就已经受不了。这里是保护区，黑熊盗食点儿蜂蜜，个人觉得无可厚非，本来保护区就是人家的。可是，有谁想过人类利用熊胆已经上千年了，如果黑熊有认知，它们会如何看待人类？

古人对熊早有认识，传言黄帝就是有熊氏之后，有《史记》为证："教熊罴貔貅䝙虎，以与炎帝战于阪泉之野。"如果真是那样，我们还是熊的后代。我们现在自称是"龙的传人"，从动物角度看，龙是虚构的产物，而熊却是真实的存在。在古代，熊才是力量的象征，熊是楚国图腾的代表，楚之先祖正是熊氏。不过，人类对于黑熊的认识更多的是利用。至少在汉代，人们就知道用熊作为药物，当时利用的是熊脂而非熊胆。汉代的《神农本草经》中认为熊脂可以补虚损，强筋骨，润泽肌肤。到了唐代，熊胆才渐渐取代熊脂成为一种药材，唐代甄权的《药性论》记载："（熊胆）恶防己、地黄。主小儿五疳，杀虫，治恶疮。"药王孙思邈的《千金要方》中，也认为熊胆主要的用途是外涂治疗痔疮。明代《本草纲目》称熊胆"退热清心，平肝明目，去翳，杀蛔、蛲虫"。

人类对于黑熊的利用，绝大多数是杀戮野外的黑熊后取走胆囊。从20世纪80年代开始，为了能够最大限度地利用熊胆，国人发明了"活熊取胆"的方法：通过插管引流的方式，从人工饲养的黑熊体内取胆汁。这样做的好处是可以获取尽可能多的胆汁，因为黑熊的胆汁可以持续分泌。对于人类而言这是伟大的创举，可是对于黑熊而言那简直是最恶毒的酷刑。在野外，黑熊的家域可达100平方千米，而在人工饲养的环境下，它们被关在几平方米的铁笼子里，身上插上管子，定期被取走胆汁。此外，虽然标榜是人工饲养的熊，但现实中还很少有人工条件下实现熊繁殖的证据，很大一部分还是野外捕捉后进行人工饲养的熊。

今天的人类文明要求我们善待每一种动物，即便是饲养动物也要讲动物福利，在活熊取胆中我看不到任何动物福利的蛛丝马迹，有的只是残酷、贪婪！

虽然熊胆确实有一点儿药用价值，但这不是虐待和杀戮的借口。况且，人工合成的熊去氧胆酸已经普遍商用，可以发挥熊胆的作用，熊胆绝非不可代替。

利用熊胆入药尚可以治病救人，取食熊掌就是极端的无情和贪婪了。熊掌又名熊蹯，为熊科动物黑熊或棕熊的脚掌，自古以来便是名贵的"养生"食材。《孟子》曾言："鱼，我所欲也；熊掌，亦我所欲也，二者不可得兼，舍鱼而取熊掌者也。"当年，楚成王遭逼宫，临终前就想吃顿熊掌上路，"待寡人吃了熊掌后再上路，就算死也做个饱死鬼，虽死无恨！"即便是现在，还有人千方百计去吃熊掌。其实，熊掌的主要成分就是胶原蛋白、脂肪、碳水化合物等，与猪脚相比，在蛋白质、碳水化合物、能量等主要指标上相差无几。很多时候，人们吃的不是营养而是虚荣。除了人类的贪婪和杀戮外，黑熊的栖息地受到严重的干扰和破坏，这也是它们濒危的主要原因。在人类认识动物的同时，动物又何尝不知认识人类？随着栖息地的破坏、道路的修建，黑熊体形呈现缩小化的趋势。在狭小的栖息地范围内，更小的体形有利于生存。这可能便是黑熊对于人类有所认识后，在进化上采取的回应策略吧。

在每次做讲座的时候，我都会被问到这样的问题："在野外遇见熊怎么办？"黑熊不会说话，我更想替它们问一句："在野外遇见人类怎么办？"千百年来，黑熊家族受到迫害，它们非常怕人。遇见人后黑熊多是逃跑而非进攻，只有遇到无法逃脱的境地才会本能地自我防卫。当然，如果母熊带着小熊，它们进攻的可能性会变大，为了孩子，它们不惧怕任何两脚兽！

谁才是陆地上的吸血鬼？

10月22日早晨，我吃过饭准备上山。等到10点左右，我跟着站上的巡山队伍上山。车子开出10分钟，我们看到一只黑色鹿形动物在穿越马路，它跑得很快，一边跑一边跳跃。近一些看清楚了，原来是林麝。嘴边长有獠牙，可以判断是雄的。它有些慌不择路，我们下车后，它并没有走远，而是躲进旁边的灌丛中，跟我们玩起了捉迷藏。它希望隐藏自己以躲避我们的发现。我不知道它这种做法在面对天敌时是否有效，可是对人类这种两脚兽而言没有多大意义。虽然人类的视力无法和猛禽相比，但是我们依旧可以发现躲在灌丛中的它。如果将人类换成视觉敏锐或者嗅觉敏锐的动物，躲避更不会奏效。可是反过来想，它又能怎么办呢？前面是大坝挡住了去路，两边是深深的河沟，不利于奔跑。除了暂时躲避，它似乎别无选择。幸好它遇见的不是天敌，我们仅仅是想远距离看看，并无恶意。

林麝性格孤僻，无论雌雄都喜欢独来独往，活动范围也非常明确。它们

林麝

会把腓腺、尾腺分泌的多种外激素涂抹在各个需要做标记的地方，比如木桩、岩石等处，以此来划分领地。涂抹的油脂也用于互相联络，用最古老的方法和友邻们打暗号。因为成年雄性犬齿发达，林麝也被称为"吸血鬼"。当然，它并不吸血。这对可以长到8厘米长的獠牙一般是在发情期和其他雄麝打斗用的。在雄麝的腹部，靠近肚脐处有一个球形凸起，那是位于肚脐和生殖孔之间的麝香腺，平时就散发异常的香气，它离开后俯卧过的地方还能闻到浓郁的香味。正是林麝的麝香给它带来杀身之祸。根据麝香收购量的推测，20世纪50年代，我国野生麝资源储存量为200万~300万头，60年代下降至125万~150万头，70年代后估计野生资源储量不足100万头，80年代估计已经不足60万头，90年代末我国野生麝储存量为5万~10万头，仅为50年代资源总量的3%~5%。

人类作为地球上的一员，并非不能利用野生动植物资源，而是不能超出它们自身的承载力，否则就是涸泽而渔，无法持续。

水獭的噩梦：皮之不存，毛将焉附？

在唐家河保护区，每一条沟中都有一条小河，河水从山上流下，清澈见底，冰冷刺骨。如果把脚伸入其中，一分钟足以发麻。常言道，水至清则无鱼，但是这里的河流中生活着丰富的鱼类和两栖爬行动物（"两爬"）。鮡鱼是这里常见的种类。鱼类的存活为上级猎食者提供了机会。依赖鱼类生存的猛禽有白头鹞、黄角鱼鸮等。在众多以鱼类为食的动物中，水獭最引人注目。

一提到鼬科动物，人们最容易想到的是活跃在陆地上的小型食肉类动物，如黄喉貂。鼬科家族中还有一类生活在水中，它们被称作"獭"，是鼬科下的水獭亚科。獭亚科中成员众多，如江獭、巨獭、小爪水獭等。当然还有唐家河的主人——欧亚水獭，我国境内大多数地区分布的"獭"都是它。

水獭性情机谨，行踪隐蔽，外界很难发现它们的踪迹。马叔作为这里的护林员，有着25年的寻护经历。2014年傍晚，他在河的北岸散步，突然发现一只呆萌的黑色小动物在石头上探头探脑：配合上圆圆的脑袋以及粗壮、圆锥形的尾部，在游泳时它只需要将四肢并拢于身侧就是非常完美的流线型。

水獭有着鼬科动物最具代表性的修长体形，非常适合穴居生活。同时，它们体表毛发上有疏水的油脂，非常适合在水中生活。它们可以在水下轻易完成各种难度系数超高的转身、翻滚和突然加速等动作。

水獭的食物包括鱼和两栖爬行类。这里食物资源丰富，鱼类含有丰富的蛋白质，可以补充足够的能量。因此捕猎占据水獭生活的比例相对较低，它拥有足够的时间来玩耍和社交。水獭是一种具有非常强烈的好奇心的动物，可以说水獭每天除了吃和睡之外，绝大部分的时间都会用来玩耍。

想在野外发现或者拍到水獭是一件非常困难的事情，很多时候需要运气。这是因为水獭是一种非常机警和灵敏的生物。欧亚水獭对人类充满深深的畏惧。在人类眼中，它们的皮毛是很好的皮料，可以制作成各种皮质材料，作为贵族的奢侈品。在水獭眼中，人类是噩梦般的存在，它们对人类的防御堪比天敌。水獭视力不够敏锐，但是它们感觉非常灵敏。一旦嗅到人类的气味，它们就立即逃到水中避难。

没有利用就没有杀戮，经过人类不断"努力"，水獭野外种群岌岌可危。终于在2015年，欧亚水獭被世界自然保护联盟（简称IUCN）列为濒危物种。水獭原本是自然界中生存的强者，仅仅因为人类对其贪婪地利用而遭到疯狂杀戮。人类的行为已经严重干预了正常的自然选择。

第 3 章　**小寨子沟**
敢于袭击人类的动物

2017年11月和2018年的7月，我两次到小寨子沟国家级自然保护区。这个保护区位于四川省北川县，2008年突如其来的大地震将大半个北川变为废墟。保护区距离北川县城100多千米，我们一行驱车前往。一路上可以看到独特的羌族小木屋，还有他们祭拜的石堆。在向导的带领下，我们在山上待了5天，发现了一些川金丝猴的痕迹，可是并没有看到本尊。走在保护区里，随处可以看到野猪翻土的痕迹，野猪无疑成为野生动物中成功的代表，它们的生存能力和繁殖能力超强。在找猴的过程中，我被旱地蚂蟥袭击，血流不止，它是自然界中少数以人类作为食物的动物；傍晚出门散步，我在大火地管护站附近遇见了剧毒的菜花原矛头蝮，不过它并没有伤害我的意思，转身离开，在我害怕它的同时，它也害怕我这只高大的两脚兽。

驯化还是对抗？与人相伴而生的野猪

11月2日中午，我来到了正河保护站，在付站长安排下，由保护区野外经验最丰富的陈大哥、王大哥和小赵陪同上山，计划在山上待4天。

这里鸟鸣此起彼伏，可惜有很多种类我叫不出名字。它们出入灌丛，神出鬼没，而我却无法追踪。林子湿漉漉的，到处是野猪的痕迹。它们把森林翻了一遍又一遍，犹如耕过的地。

野猪的嗅觉非常灵敏，它早早闻到人类的气息就离开了。我们在林中多次与它们相遇，都是远远地看到它们的背影。我不理解野猪何以对人类如此惧怕，却又生活在人类活动区的边缘。相比其他夜行性动物，野猪与人类打交道的历史可谓源远流长。在原始的狩猎采集社会，野猪就出现在原始人类狩猎的名单中。

早在2 000年前，《诗经·小雅·渐渐之石》就有对猪的描写："有豕白蹢，烝涉波矣。"这里描述了将帅们行军打仗时在路上遇到一群野猪。《诗经·大雅·公刘》中的"执豕于牢，酌之用匏"则是家猪无疑了。家猪由野猪驯化而来，广泛栖息于亚洲、欧洲及非洲北部，全球共有27个亚种，中国有5个亚种（另有文献表明有6个）。

人类最大的创举就是把猎获的野猪饲养起来，进行驯化。若干年后，野猪被人类驯化成家猪，随之习性完全改变，成为人类主要的肉食供给。可是，作为家猪的祖先，野猪依旧活跃在自然界，分布广泛。在长期的生存中，它们对人类的认识更加深刻，因为人类的存在已经关乎其生存繁衍，它们不得不审视。在东北，如果野猪遇到老虎，有时尚且拼死一搏，可是面对人类，它们只有逃跑。它们对人类的惧怕远远超过天敌。

在长期的进化中，高大的动物占便宜，高大意味着力量。人类虽然无法空手搏击猎物，但是高大的两脚兽成为所有动物的噩梦。由于人类站起来行走了，绝大多数陆地动物都仰视人类，就如同我们看到一个大巨人那样。虽然这个巨人的战斗力并不强，但是带来的畏惧是刻骨铭心的。哪怕这里的动物从来没有见过人类，它们也还是充满着畏惧。即便是体型庞大的黑熊，面对人类也是远远离开。动物伤人仅仅出现在极少数的情况下，是因为它们避之不及，只好采取应急反应。反过来，人类对动物的伤害却无处不在。

野猪惧怕人类的同时，却并不远离人类。在全国各地的野兽中，野猪的遇见率名列前茅。野猪是杂食性动物，荤素均可。果实、草、种子都是它们的食物。我们看到地面上如同耕过的地，那是野猪在翻食地下的真菌、昆虫类等。野猪的取食习惯使它们对森林系统起翻耕的作用，它们是大自然的翻

野猪
西锐 摄

土机，对于种子的传播和森林的更新意义很大。

家猪虽然和野猪是同根同源，不过经过人类的驯化后，家猪和野猪的行为有着诸多的不同。野猪有自己的活动范围，就是以巢为中心的地盘，在动物学上称为家域。我们看到养猪场的家猪，往往几十头被圈养在一个笼子里。然而，野猪的家域非常大，野猪东北亚种的家域可达50~300平方千米，并且随着季节的变化而变化。冬季野猪的家域最小，为50平方千米；春季面积最大，为300多平方千米，相当于北京丰台区的面积。动物家域的变化和对能量的需求有关。到了春季发情期，野猪的家域面积会明显增加。春季积雪尚未融化，地面的食物比较稀疏，野猪需要扩大活动范围来获取足够的能量，因而家域随之增加。冬季野猪为了维持身体能量的平衡，需要减少活动量，因而家域也变小。

人世间存在贫穷富贵，从住房面积就可以看得出来。虽然野猪没有贫富差异，但它们的家域也因猪而异。野猪雌雄有别，家域大小也是不同。雄猪无论是个体还是生长速度都大于雌猪，食物获取量自然也大于雌猪；此外，很多雄性动物拥有较大的家域，可以增加遇见雌性的机会。从理论上讲，雄猪的家域应该大于雌猪。可实际上正好相反。雌野猪的家域面积远远大于雄野猪，尤其是在冬季的时候，雌野猪的家域面积约是雄野猪的10倍多。这其中的奥妙在于，相比于雄猪，雌猪更多地集群生活，需要更大的家域来养活这么多猪。此外，亚成体作为野猪的二代，其家域面积大小和家族的关系比较大：如果家族的家域大，这些亚成体的家域也大；反之亦然。

野猪的家域虽大，但并不是什么地方都适合它们休息。野猪对于卧息地的选择非常讲究，它们对隐蔽性要求比较高，尤其是希望远离人为干扰。在人类活动密集的地方可以看到它们觅食的痕迹，却很少发现野猪卧息的痕迹。在舒适性上，野猪倾向于选择阳坡平缓的地方，回避陡坡。在动物界有一个"最优觅食理论"：动物倾向于选择食物丰富和捕食风险低的环境。随着人类活动的增加，这样的地方在现实中不好找，需要权衡。野猪面对人类的活动，主要的避敌策略是逃跑。因此，野猪选择乔木密度低和草本密度低的生境。在这样的地方，植物的地下根茎和各种营养果实可能更为丰富且易于挖掘，同时便于它们逃跑。

一般情况下，科学家将野猪的体形、毛色、獠牙作为区分雌雄和成幼的标准。成年雄猪体型大，具备獠牙，其实它的獠牙就是犬齿过于发达漏出嘴外。雄猪性情孤僻，常常独自活动。成年雌猪体型比雄性略小，看不到獠牙。亚成体野猪的体重一般小于80千克，也看不到獠牙。幼猪身体背部有淡黄色和褐色相间的纵向条纹。根据野外野猪的活动特征，可以把野猪分为以下几种群体：

（1）寂寞孤独群：这部分个体多为"一猪吃饱全家不饿"，它们多为雄猪，单独活动、到处游荡，只有在发情期的时候回到群体寻找配偶进行交配，之后继续离开群体单独活动。

（2）亲密母子群：这种群体由一头成年雌猪和当年出生的或者头年出生的幼猪组成，约为2~7头，在每年的4~12月比较常见。

（3）年少轻狂群（亚成体群）：一般为3~4头，多为亚成体，有时也有幼猪加入。母猪产崽儿后，为了更好地照顾新生儿，便会让亚成体离开原来的母子群。离开妈妈的这些亚成体小猪独自活动。

（4）一雄一雌伴侣群：这种情况多出现在发情期交配季节，可以见到一雄一雌野猪在一起。

（5）一雄多雌后宫群：由一头雄野猪和两头或两头以上的雌野猪组成。

（6）男女老幼混合群：由一雌一雄野猪和亚成体以及幼体组成，多是临时组成的群体。

一般认为野猪为夜行性动物，科学家在小兴安岭利用无线电监测野猪的活动表明：野猪白天活动的时间远远长于夜晚；雄猪的日活动量大于雌猪；家族群野猪的活动量小于独自活动的孤野猪。家族群猪多力量大，觅食效率远远超过独自觅食的野猪，因此它们每天的活动量比孤猪少。

平日里看着家猪除了吃只有睡，人家野猪行为要丰富得多。野猪的日常行为有9种，即站立、走动、跑动、采食、饮水、修饰、发情、拱土和坐着休息。野猪的修饰行为是指用树干等物体来摩擦自己的身体。野猪除了卧息外，还会坐着休息——后肢着地、前腿支撑，暂停活动，以这种方式恢复精神和体力。野猪一天中的绝大多数时间用来采食、走动和站立。不同季节野猪对一天中的活动时间分配不同，春季野猪以走动、采食和站立为主，夏季野猪以走动、站立、采食和跑动为主，秋季野猪以采食、走动和发情为主，冬季野猪以采食、走动和站立为主。在发情交配季节，单独活动的雄野猪减少，活动更加频繁，口吐白沫，到处追寻雌野猪。发情雄野猪相遇时常常通过发出粗野的威胁叫声、咬牙、拌嘴和竖起颈背部的鬃毛等行为来争配，有时发生激烈的追逐和打斗，用嘴咬对方的头颈部、四肢。交配后，雄野猪便离开雌野猪单独活动，雌野猪则仍与原来的幼野猪生活在一起。

野猪是森林生态系统中不可或缺的一员，是顶级食肉动物的重要食物，还可以分解动物的尸体，加速自然界物质循环。此外，野猪擦树及在地上打滚等行为有利于植物种子扩散，拱地可以疏松土壤、分散植物繁殖芽体，增加区域植物物种多样性，积极促进植物再生和生长。

不过，凡事过犹不及，近年来随着野猪种群数量的快速增长，其危害成为一个社会问题。在国内一些地区甚至出现"猪进人退"的局面。野猪对于人类的危害主要体现在几个方面：

首先，野猪主要危害庄稼，尤其是破坏农作物。在地中海地区，由于野猪增长过快，对当地种植的葡萄产生了巨大危害。卢森堡在1997—2006年间被野猪破坏的庄稼面积达到3 900平方千米，损失达527万欧元。实际上，野猪因取食造成的损失仅占5%~10%，大部分损失是因其践踏造成的。

其次，野猪在一定程度上会破坏森林和草地。在德国野猪会破坏小橡树等栎属植物的根部，导致小橡树倒下或枯死。野猪对于草地的破坏也非常严重。

再次，野猪会伤害人类和家畜。民间有"一猪二熊三老虎"的说法，在野外野猪虽然胆小，但其战斗力不容小觑，尤其是成年的雄猪，其长长的獠牙有时令老虎为之却步。近年来，随着人类活动扩张，人与野猪距离缩短，人猪冲突屡有报道。例如：1999年湖北省竹山县一农贸市场里有一头野猪将两人咬伤，2000年五指山腹地琼中县野猪将一人多处咬伤，2013年新疆玛纳斯报道野猪袭击牧民的家羊。此外，野猪可能传播各种疾病，比如伪狂犬病、猪布鲁氏菌病、猪流行性感冒、细螺旋体病等。

从某种程度上讲，也是人类成就了野猪。人类开发自然，一些大型兽类遭到"大清洗"，在很多地方都已经绝迹了，比如华南虎。野猪虽然也遭到了"清洗"，可是它们的恢复适应能力极强。如今人类放下屠刀，大型兽类消失。野猪迎来了绝佳的生存机遇，极强的适应能力让它们脱颖而出。自从虎、豹、狼等大幅度减少后，野猪几乎没有了天敌。野猪体型巨大，皮糙肉厚，雄猪还长有长长的獠牙，一般的小型猛兽根本无法伤害到它们。野猪在当今自然界成为bug（漏洞）级别的存在，除了疾病和自然灾害外，其他因素很难对它们的家族构成威胁。此外，野猪繁殖能力超强，一窝可产崽10多只，种群就这样扩张起来。

小白鹭：优雅的杀手

11月3日，我在一条河道中，看到一位"白衣少女"。早在先秦时期，古人就识得此鸟。《诗经·周颂·臣工之什·振鹭》："振鹭于飞，于彼西雍。我客戻止，亦有斯容。"晋·张华注《禽经》："鹭，白鹭也。小不逾大，飞有次序。百官缙绅之象。《诗》以振比百寮，雍容喻朝美。"后因以"振鹭行""鸳鹭群"比喻僚友。

古人在那个时期就懂得利用小白鹭的羽毛。《诗经》中有描写："坎其击鼓，宛丘之下。无冬无夏，值其鹭羽。坎其击缶，宛丘之道。无冬无夏，值其鹭翿。"这里描述了用白鹭羽毛制作的扇子进行舞蹈的场景。

古人很早就认识白鹭，可是无法分清楚白鹭的种类。白鹭属分为大、中、小三种，只有小白鹭才叫白鹭。根据名字猜测，大白鹭要比中白鹭大，中白鹭比小白鹭大。其实不然，成年的大白鹭和中白鹭比成年的小白鹭大，

小白鹭

但是大白鹭和中白鹭就不好比较了。那么，如何区分呢？

看嘴：大白鹭的嘴裂开的位置明显位于眼睛后方，而中白鹭的嘴裂位于眼睛正下方。另外，大白鹭的嘴巴要修长一些，不过这个没对比就不容易看。看脖子：大白鹭的脖子弯曲的S形极为明显，下巴都感觉要枕到脖子上了；大白鹭的脖子也修长得多。大白鹭还有长度、数量极其夸张的繁殖羽。

河边上的只是一只小白鹭，显著特征是它有黑色的嘴和黄色的脚。古人描写的"一行白鹭上青天"，只说对了一半。小白鹭在繁殖期的时候集群生活，它们巢与巢挨着，彼此形成攻守联盟，可能出现"一行白鹭上青天"的场景。可是出了繁殖期，它们都形单影只了。

小白鹭是"鸟生赢家"，作为一种中型涉禽，无论是乡村荒野还是城市湿地，都有它们的立足之地。这只小白鹭在浅水边，水刚能没过它的脚踝，不到膝关节。它在水中如同踩高跷，婀娜的身子一步一挪移。它的眼神注意着水面，死死地盯住，无暇顾及周边的环境。紧接着，它用爪子翻动水中石头，趁机把水搅浑。在小白鹭的搅动下，鱼开始在水中翻腾。小白鹭见机，逮准机会，头部成S形，眼睛死死地盯着水中。说时迟，那时快，它的嘴如同离弦的箭，猛地插入水中，紧接着将一条小鱼拦腰含在嘴中。小白鹭仰起

头，把小鱼一颠，直接吞入，鱼头朝内鱼尾朝外，整个过程一气呵成。看来浑水摸鱼并非人类的专利。

如今，河道里形单影只的小白鹭恰是风景的点缀，如果小白鹭多了，也会令人头疼。提起小白鹭，沿海各大机场真是苦不堪言！小白鹭曾经被上海浦东国际机场列为头号杀手！2012年浦东国际机场内，一架飞机正在跑道上滑行，准备起飞，不料一道美丽的倩影闪过，紧接着"哐当"一声，飞机紧急刹车。旅客们虽然有惊无险，但也倒吸了一口凉气。造成这一事故的正是小白鹭！之后，小白鹭成了机场重点防范的对象。据机场净空组的张科长介绍，每年的8月15日到9月15日，大批小白鹭在机场内活动，给航班的正常起飞带来重大的安全隐患。"温柔的少女"就这样成为机场隐患，让我们不解的是，机场为何对小白鹭有那么大的诱惑？

鸟以食为天，有食物的地方自然就有它们光顾的理由。小白鹭的食物来源很广，水边可以捉鱼，庄稼地里可以啄虫。到了8月，幼鸟可以跟随亲鸟寻找食物，而此时田地里长好了庄稼，它们无处下口，鱼儿也不是那么好抓，机场的草坪就成了它们理想的觅食区——那里有大批的昆虫。我们解剖小白鹭的胃发现，食物来源中直翅目昆虫占多数。上海市周围大片的绿地本来就不多，有了这么一块觅食区域，小白鹭犹如发现了新大陆，一传十，十传百，前呼后拥地向机场奔来。几家欢乐几家忧！小白鹭啊，你高兴的时候，可曾注意到机场驱鸟组的工作人员在默默流眼泪！

每到小白鹭成群出现的时候，机场驱鸟组的人员就十八般兵器齐上阵，什么声音驱鸟、鸟网，能用的全部用上。可是管得住一时，管不住一世！真正的"勇鸟"敢于直面惨淡的鸟生，它们前赴后继，勇往直前，前进、前进，只为了一个共同的信念——机场里有好吃的，那里可以填饱肚子。

面对如此阵势，机场驱鸟人员也招架不住了。有道是"擒贼先擒王，抓鸟要掏窝"，围魏救赵——袭击它们的老巢成了当下唯一的办法。经过千辛万苦的追寻，终于在机场东北6 000米处找到了它们的老巢。

嗬！好一片树林，有道是：周边绿水环绕，杉木挺立，中间女贞（树）

并立，密不透风。远观如城堡，遮风又避雨，近看似篱笆，寸步也难行！

傍晚，鸟类回巢时黑压压的一片，遮天蔽日，少说也得三四千只，主要是小白鹭，也夹杂着少许牛背鹭和夜鹭。它们全部栖息于树冠之上，地下则是密不通风，单人都难进入。小白鹭在树冠上筑巢，繁衍后代，周围就是一片开阔的农田，可以满足幼鸟的成长。待到幼鸟离巢后，周边田地里的食物也被吃得差不多了，它们就开始打机场的主意。要搞掉这片林子，毁了这片巢区，倒不是太难，可是就怕"杀了我一个还有千万万"。周边都是这样的林子，不可能全部毁了吧！我们更担心的还在后面。

影响鸟类种群繁衍的三大因素是天敌、食物和庇护所（巢位）。上海猛禽稀少，小型的红隼对它们构不成威胁，人类也不去干扰破坏；周围有鱼塘、海滩、庄稼地，还有美丽的机场草坪，食物也不是问题；最后看巢区，它们对树林的郁闭度可能有一定的要求，根据我们的观察，它们不爱去林子稀疏的地方，全都挤在茂密的地方筑巢。

这样看来，巢位可能是它们的限制因素，但这也恰恰是我们最担心的问题。周围有大面积的稀疏树林，3~5年之后，就可以长得很茂盛，那时完全符合小白鹭的筑巢要求。事实也证明了我们的判断，老巢区北边林子稍微密集的地方，已经有小白鹭的前锋驻扎了。以小白鹭的繁殖能力（窝卵数为4~5枚），可以推测在不久的将来，周围都会成为它们的天下！

被旱地蚂蟥咬到是一种怎样的体验？

2018年6月30日，我再次来到小寨子沟国家级自然保护区。早晨起来，一直在下雨。熬到中午终于等来雨过天晴，可以进山了。我们要到附近的一户牧民那里走访。山路泥泞，周围的草木浸泡在雨水中。我们不怕摔跤，不怕弄湿衣服，唯独惧怕隐藏在草丛四周的吸血鬼——旱地蚂蟥。

如今湿漉漉的草地，正是旱地蚂蟥的温床，它们蛰伏了大半年，就是为了等待我们的到来。我们走的路上有牧民放养的牛羊，而旱地蚂蟥最喜欢这样的环境，因为牛羊所在的地方就是它们的粮仓。在这片土地上，旱地蚂蟥对于它所能触及的一切动物都一视同仁。

整个自然界，敢于把人类当作袭击目标的动物并不多。即便凶猛如老虎、狮子，也不过是在极端的情况下误食人类而已。而旱地蚂蟥是个例外，它们切切实实把人类当作袭击的目标。在它们的世界中，两脚兽和地上跑的牛羊没有本质上的区别，只要身体里流淌着血液就够了。

尽管我小心翼翼地前行，还是防不胜防。旱地蚂蟥数量太多，草丛里随处可见。它们是动物界的"大丈夫"，能屈能伸，平日里隐藏在草叶上，看不见，也听不见，只靠纤毛感知周围的世界。不管是两脚的人类还是四脚的牛羊，只要走进它们的袭击范围，它们就果断出击。

我每走一段路就停下来检查自己有没有中招。鞋子和裤子间的空隙是最容易受到旱地蚂蟥攻击的部位。我低下头发现一只旱地蚂蟥爬到了鞋子上，正在往脚踝方向前进。显然，我不愿给它这个机会，于是用手抓住它的身体。它的身体很滑，吸盘吸得很紧。很明显，它不愿意离开我。它好不容易找到血源，在没有吃饱前怎能轻易离开。如果我之前没有发现它，它就会悄无声息来到我身上，吃饱之后悄然离开，留给我一个小小的伤口。可惜它这次没有那么幸运。

一只旱地蚂蟥就这样被我收拾了。可是，它们还有千千万万个同胞在前方等着我。从我踏入草丛的那一刻起，这注定是一场持久战。又过了一会儿，我卷起裤腿一看，一只旱地蚂蟥已经落在我脚踝上方。它的吸盘紧紧地固定在我的身体上，而我却浑然不知。这是因为它们的吸盘能够释放一种类似麻醉剂的物质，让人感觉不到疼痛。我用力揪住它身体的另一端，它的身体随着我的拉伸而延伸，吸盘依旧牢牢地贴着我的身体。它的身体很滑，沾满了黏液，我几次用力都滑落了。我只好用指甲死死地掐住它的身体，用力拔掉。我的腿部随即流出一点儿血，还好没有给它太多吸血的机会。

再一次摆脱旱地蚂蟥的纠缠，我继续往前走。看到山坡上吃草的羊群在草丛中觅食，真是替这些羊儿捏一把汗。回到保护站，我松了一口气，心想终于可以摆脱旱地蚂蟥了。为了保险起见，我还是脱掉鞋子和袜子，防备那些潜伏者。果不其然，裤子上有一只被我抖下

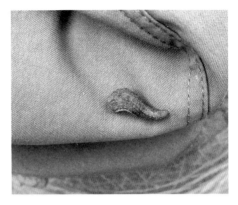

旱地蚂蟥

来。四周都是水泥地，到了人类的地盘，它们就要面临悲剧了，所有的本领都施展不上，只能提前结束生命的旅程。

我还没来得及高兴，左边鞋子上掉出一只旱地蚂蟥。它肥肥的，比我看到的其他旱地蚂蟥都要大得多。看来它刚刚饱餐一顿。我不由一惊，赶紧脱下左脚的袜子。果不其然，刚才那只蚂蟥吸的正是我的血。血流从我脚踝下方流出，早已渗透了袜子。恨得我一脚把眼前这只大腹便便的旱地蚂蟥踩死，它的血液溅了一片，这都是我的血啊。杀死这只旱地蚂蟥并不能改变什么，我的脚依旧流血。我换上拖鞋，保护站的涛哥帮我擦上酒精和碘伏。可是这并没有起到作用，血还是一直流。旱地蚂蟥的吸盘里含有抗凝血剂，可以阻止血液凝固，这样就可以达到长时间吸血的目的。看来这只旱地蚂蟥潜伏已久，不知在我身上注入了多少抗凝血剂。于是我只能呆呆地看着自己的血液慢慢渗透，从下午5点一直持续到晚上9点，血才慢慢止住。更何况这深山之中，前不着村，后不着店，即便我想止血也没有更好的办法。

不过，相比于森林中的其他动物，我还是幸运的。至少在发现旱地蚂蟥之后，我可以立即采取措施。而其他动物就没有那么幸运了，旱地蚂蟥可以贴在它们身上肆无忌惮地吸血。有时候，强弱的变化真的很奇妙，你看那高等级的动物，包括我们人类，面对如此低级的蚂蟥却无能为力，只有任由它们宰割。由此看来，强者未必恒强，弱者未必恒弱，强弱之势因时因地而变。

为何杀死那条蛇：究竟是人毒还是蛇毒？

7月1日下午，天色阴暗，乌云压顶，细雨纷飞。回来的路上，我看见电线杆上落着几只鸟儿，一时难以分辨。我往前走了几步，试图靠近些用相机抓拍。等我靠近，鸟儿就飞走了。它们的视力本来就比人类敏锐，更何况还是居高临下。刚才我只顾仰望天空，一回头，隐约感觉地面有东西晃动。定睛一看，一条蛇横在马路中间。我本能地后退几步，看清它的原貌。但见此蛇有半米多长，身上的斑纹如同平日里吃的菜花，三角形的头部棱角分明，尾部短粗，细的尾巴可能之前受到过伤害，被人打断了。这便是大名鼎鼎的菜花原矛头蝮，剧毒！

我还没来得及思考，眼前这蛇便开始行动了。它没有做出攻击的架势，也没有虚张声势，而是直接往路边草丛转移。蛇的突然离去，让我松了一口气，也给我带来些许困惑。以前我也遇到过一些毒蛇，比如中介腹、眼镜蛇，面对人类的时候，它们虽然会离去，却比面前这条蛇淡定多了。菜花原矛头蝮毒性很大，明明身体中含有御敌的武器，为何还要怕我这个手无寸铁的人呢？

或许是这条蛇生活在人类的周围，对人类已经有所了解的缘故。蛇虽然视觉退化，但是拥有一套强大的红外线成像系统。一切有温度的物体都可以发出红外线，而蛇可以感应眼前的红外线。在蛇的眼中，我无疑是一只庞大的两脚兽，它没有必要为了我浪费宝贵的毒液。它即便把我毒死，也吃不到我的肉。就这样，我们短暂相遇，彼此秋毫无犯，各回各家。我喜欢大自然中的邂逅，可以看到各种各样的动物，了解它们的生活习性。可是它们不喜欢遇见我，即便是眼前具备强大防御能力的菜花原矛头蝮也不愿和我过多地接触。想到这里，我心里不由得有些失落。

吃过晚饭，我又想起了刚才那只菜花原矛头蝮，抱着侥幸的心态过去看看它是否还在。我走到上次遇见它的位置，发现有条蛇躺在马路上，一动也不动。我小心翼翼地接近，发现它已经死去，很像我之前遇见的那一条。我仔细查看，发现它缺失了一段细细的尾巴，这足以证明就是我下午遇见的那条。上次相遇时，我们还彼此谦让，不曾想短短两个小时之后就已阴阳相隔。我不想看到它的尸体被来往的车辆碾压，就小心地用木棒把它挑到旁边的草丛中，让它回到最初的故乡。之后，我悻悻离去。

路过附近一户村民家的时候，我无意中听到一阵爽朗的欢笑，大意是他刚才杀死了一条菜花烙铁头——这是当地人对菜花原矛头蝮的称呼。我不是很理解，不礼貌地问了句："为什么杀死那条蛇？"我的冒昧引来了更大的笑声。他告诉我："这蛇有毒，会咬人，当然要杀死了。"我一时语塞。他的回答义正词严，反而显得我有些惺惺作态了。

回到住所，我躺在床上，辗转反侧，难以入眠。人类对蛇的惧怕是镌刻在基因里的。我们有一个词叫"毒蛇猛兽"，毒蛇排在猛兽前面。可见人类对于蛇的惧怕！我们古老的祖先面对猛兽时尚且可以防御，可是面对无处不在的毒蛇，往往无能为力。人类对蛇的恐惧是进化上出于自我保护的产物。试想，如果人类没有怕蛇的基因，就很容易被毒蛇杀死，然后被自然选择淘汰。时至今日，人类对蛇的恐惧依旧存在。

可是，自我保护是杀死毒蛇的理由吗？保护自己或者他人就该杀死遇见的一切毒蛇吗？如果是原始的人类杀死他们遇见的毒蛇，这可以理解，因为他们没有太多文化的熏陶。可是在倡导生态文明的今天，我不是很理解为何要杀死遇见的毒蛇——哪怕它不是保护动物。有点儿动物学常识的人都会明白，人类不是毒蛇的猎物。毒蛇制造一口毒液需要消耗很大的能量，但即便是咬到了人，也无法获取食物。如果你是蛇，你会干这种赔本的生意吗？即便是有几条这样的蠢蛇，也会被自然选择淘汰。在动物的世界中不会出现损人不利己的事情，在人类的世界中却很常见。很少有毒蛇会主动进攻人类。当然，每年确实有一些人被毒蛇咬伤。这种事多发生在人跑到毒蛇的家门口，不听警告的情况下。毒蛇为了本能地自卫，迫不得已才咬人。毒蛇咬人不是为了吃那口肉，仅仅是一种自我防卫。

反过来，人类对于蛇的伤害可不是仅仅吃肉了，还会利用它们的皮制造皮具，利用它们的蛇毒入药……蛇咬人是小概率事件，而人杀蛇却普遍存在。无数的毒蛇和无毒蛇因此被人类屠杀殆尽，濒临灭绝。你可曾听说有哪个地方人类被毒蛇赶尽杀绝？回过头想想，究竟是人毒还是蛇毒？

捕蛇者说：善恶在于一念之间

吃过晚饭，我和余队长去夜行。路边纺织娘发出急促的促织声，蜘蛛早已在草丛上织好网，等待自己的晚餐。野外的夜晚注定不会寂寞。

我们在路边寻找小动物，突然余队长发现一条小蛇从草丛边出来，正准备横穿马路。我迅速把头灯打在蛇身上，照亮它的身体。这条蛇估计有15厘米长，最显著的特征是白色的头部，呈三角形。身体呈黑色，有一条条橙色的环带。它这身装束的颜色搭配，做成衣服也非常时尚。自然界的构思之妙超出人类的想象，有大美而不言。

这是一条白头蝰，是一种不常见的毒蛇。我们很担心它又会被人打死，于是打算先把它装进矿泉水瓶里，然后送到一个远离人类活动区的地方。我不建议在野外空手抓毒蛇，尽管可以耍耍酷，但是一旦失手代价太高。我和余队长配合，每人在路边拿了一根棍子，余队长摁住头部，我摁住身体下端。然后，余队长用另一只手拿出空的矿泉水瓶，对准它的头部。可是，这条蛇哪里肯就范，它拼命地挣扎，水瓶刚刚套进头部，它就强行退出。第一回合宣告失败。

捕蛇继续，当我们再次摁住它的头部时，它似乎找到了套路，张开口就要咬木棍。别看蛇小，脾气却很大。见它气势汹汹地张开口，我们也不由紧张起来，毕竟被它咬一口可不是闹着玩的。此时后面来了一辆汽车。如果不是遇见我们，这条蛇很有可能被后面的车碾压。经过之前一番折腾，想必这条蛇的气力耗尽了，我们顺利将其装进瓶子里，而后盖上盖子，紧紧拧住。捕蛇大战宣告胜利。

我们将其带回后，就如何处置这条蛇产生了分歧。有的伙伴建议将其做成标本，因为此蛇比较少见，做标本让其为科学献身也是死得其所。可是，我反对这么做。这蛇本来就难以发现，一旦做成标本后续研究就会更加困难。况且，这还是一条小蛇，它还有自己漫长的蛇生没有经历，就这样做了标本难免有些遗憾。我们经过再三辩论，采取了一个折中的办法，将其尾部剪下一小段用酒精保存，然后放生。这样既可以用于科学研究，又不至于伤害到它。于是夜深人静的时候，余队长开着车，准备找个没人的地方将蛇放掉。

正当我们下车准备放蛇之际，又在路边发现了一条蛇。今晚真是走蛇运啊。这也是一条小蛇，和刚才的白头蝰差不多大。不过，此蛇非彼蛇，它是无毒的湖北颈槽蛇。见到我们的灯光，它拼命地往草丛里钻。我将其抓住拿在手里，这蛇是这么温顺，它在我手里来回爬动，似乎没有张嘴的举动。唉，无毒蛇无蛇权啊。不仅是蛇，人又何尝不是如此？此刻，我终于明白了"敬畏"二字的含义。正是因为畏惧才有敬。古人敬天地，正是害怕天地会降临灾祸。

随后，我们将白头蝰放走。我如释重负。可是我不知道蛇会如何看待我们。假如它有意识，它会怎么看待我们呢？当然，我不期待白头蝰将来也变成美妙女子前来报恩，只要它不怪罪我们之前的粗鲁就够了。这么一想，我突然感觉古人对待动物还是很友善的。中国人多少受佛教影响，佛教心存善念，不杀生，这点在每个人身上多少有体现。即便是后来不懂爱的法海将白娘子囚禁，也是因为担心其伤人，将其关押在雷峰塔里，并没有赶尽杀绝。如今人们不再信那些牛鬼蛇神，对遇见的野生动物也粗暴起来，渐渐丢失了仅存的善念。

第 **4** 章　　**老河沟**
　　　　　　　　为了适应人类，动物也在学习

渡鸦

邢睿 摄

　　2017年11月8日，我到达老河沟保护区。在老河沟保护区的短短几天内，我发现很多动物极具生存智慧。乌鸦是鸟类中智商最高的，它们善于使用工具解决问题；路边蚯蚓在翻耕土地，它们是出色的"地下工作者"，虽无爪牙之力，却可以"上食埃土，下饮黄泉"；在长期与人类打交道的过程中，野猪等动物开始调整自己的活动模式，白天避开人类干扰，选择在夜晚活动。世间万物皆有自己独特的生存智慧，人类需要做的是俯下身子，放低姿态，去观察和学习动物的智慧，而不应当高高在上，睥睨天下。

乌鸦喝水：人得向乌鸦学习

第二天一早，隔着窗户，我听到几声"呱、呱"的叫声。声音粗犷，略带沙哑。透过窗户一看，这是大嘴乌鸦在叫，此鸟其貌不扬，浑身乌黑，有时连眼睛也看不清楚。大嘴乌鸦是中国最大的乌鸦之一，它们在空中飞行的时候如同小型猛禽，不认识鸟的朋友很容易把它们误认为老鹰。

我走出屋子，看到大嘴乌鸦在天空滑行，偶尔振动几下翅膀，飞到屋子后面的针叶林中去了。大嘴乌鸦飞行技术高超，虽然不是猛禽，但是它们精通一些猛禽独有的飞行技术。比如，大嘴乌鸦很善于利用空气的对流，它们可以感知气流的变化，借助气流进行滑行和翱翔。它们的飞行能力得益于大嘴乌鸦宽大有力的翅膀。它们的尾翼比较高，可以在茂密的森林中灵活机动。

大嘴乌鸦

物竞天择，适者生存，随着环境的变化，适应能力强的动物家族得到很好的生存、繁衍机会，而一些不适应的家族则慢慢消失。由于气候变化、环境污染、人类干扰等因素，许多动物走向濒危、灭绝，乌鸦却独树一帜，反其道而行之。无论走到哪里，几乎都可以看到它们的身影，堪称鸟类世界中真正的成功者。乌鸦的成功和它们的高智商密不可分。

《伊索寓言》里有一个乌鸦喝水的故事：一只乌鸦口渴了，它看到了一个装满水的瓶子。可是瓶子的水不多，瓶口又小，喝不到。怎么办呢？乌鸦把瓶子旁边的小石头一颗颗放进瓶子里，使得瓶子里的水位升高，就这样喝到了水。其实，这只是一个故事，现在乌鸦不需要到瓶子中去喝水，它们完全可以跑到水源地，比如小河、水坑等处饮水。不过，它们的智商足以想到这个办法。不信，你看科学家的实验。

为了测试乌鸦解决问题的能力，来自剑桥大学和伦敦大学玛丽女王学院的科学家设计了一个巧妙的试验：在一个透明的瓶子里放水，水面放上虫子。试验对象为4只笼养的秃鼻乌鸦。

试验一：给受试者提供10块大石头（14.0±0.3克），每块石头投入水中后都可以使水位升高4毫米。如果水位低于可达高度（受试者可以吃到虫子的高度）4毫米，则受试者只需将一块石头放入瓶中；而如果水位低于可达高度28毫米，受试者就必须投下7块石头。

试验二：同时给受试者5块小石头（2.06±0.1克）和5块大石头。小石头仅能将水位提高1毫米，而大石块可以将水位提高4毫米。在每次试验中，水位均低于可达高度12毫米。

试验三：给受试者提供两个相隔30厘米的相同瓶子，一个瓶子在可达高度以下12毫米处有水；另一个瓶子在相同位置放置细锯末。在两个瓶子之间等距放置5块大石头。

4只受测试的秃鼻乌鸦都会使用旁边的石头，顺利吃到瓶子中的虫子。不仅如此，在实验过程中，它们可以迅速学会使用大石头而不是小石头来提升水位，这样更加快速便捷。面对装有木屑的瓶子，秃鼻乌鸦尝试几次后立即放弃，它很快意识到往里面放石子是白费力气。

人法地，地法天，天法道，道法自然。世间万物皆有自己独特的生存智慧，人类需要做的是俯下身子，放低姿态，去观察和学习动物的智慧，而不应当高高在上。

地下工作者蚯蚓：强弱并非定数

　　11月8日早晨，天阴沉沉的，我沿着路边溜达，红嘴相思鸟在灌丛中若隐若现，半遮半掩，难见其真面目。路边有一只红色的蚯蚓在水泥地面上蠕动。这是一只正红蚓，约10厘米长。它没有脚，靠着刚毛移动身体。不知道为何，它跑到了水泥地面上。

　　蚯蚓又聋又哑，它看不见，也听不见，只能靠身体的刚毛感知周围的变化。它感受不到我的存在，只能感受光线和湿度的变化。我静静地观察它在路面蠕动。它如何才能找到回家的路？蚯蚓的洞穴建在地下，主要的生活也在地下。它是一名地下工作者。蚯蚓每天的任务就是消化地下的有机物，将其排出，成为肥料。它们的工作非常了不起，可以变废为宝。无论是怎样的废物，即便是人类难以分解的塑料产品，经过蚯蚓的消化、排泄也都能成为珍贵的肥料，用点石成金来形容一点儿不过分。有些时候，蚯蚓也

红嘴相思鸟

会把地面的树叶拖到地下的洞穴中消化。它们拖树叶很有技巧。达尔文曾经专门观察蚯蚓如何拖动树叶。它们总能找到树叶最窄的地方，而后慢慢将其拖进洞穴。达尔文惊奇的是蚯蚓如何找到一块适合自己洞穴大小的叶片。这对于看不见也听不见的蚯蚓来说太难了，可是它们就有办法完成这看似不可思议的工作。

蚯蚓可以感受到外界的气压。如果土壤湿度过大，在里面呼吸困难，蚯蚓就会到地面上透气，这就解释了为何我们可以经常在雨后看到蚯蚓在路边蠕动。雨后空气湿度大，蚯蚓需要到地面上进行呼吸。可是它的举动实在太危险，天敌们此刻正虎视眈眈（一些食昆虫的鸟儿和啮齿类动物都是它的天敌）。此外，路上的行人和车辆都可能让蚯蚓死于非命。和其他动物不同，面对天敌的袭击，蚯蚓几乎没有任何防御能力，它既没有坚固的盔甲也没有有效的化学武器，更不会快速逃跑，只能坐以待毙，任人宰割。

可是，弱小的蚯蚓具备极其顽强的生存能力。蚯蚓是环节动物，身体的每一个环都可以发展成一个独立个体。每一个环都有大脑和心脏的配置。即便是蚯蚓被五马分尸，它也可以存活下来。这种极其强大的生存能力弥补了它们防御能力的不足。此外，蚯蚓的生殖能力超强。

蚓无爪牙之力，筋骨之强，上食埃土，下饮黄泉。弱小的蚯蚓拥有强大的生命力，强弱之视，绝非定数。看着眼前蚯蚓蠕动，我有些犹豫要不要插手。它目前危机重重。我可以将它丢进土壤中，这样它生存的可能性更大。可是，这样会干扰动物生存，说不定它正被一只鸟儿盯上，我的出手可能会让鸟儿毫无所获。自然的事情还是让自然解决。可是，我转念一想：它虽然生活在保护区内，可是它跑到了水泥路上。如果被过往的车辆压死，是它咎由自取，还是人类的罪恶呢？我不管那么多了，把蚯蚓小心翼翼地捡起来丢进路边的草丛中。至于能否躲避天敌的袭击，那就看它的造化了。我只是不愿看到其冤死于人类足下或者车轮下，仅此而已。

为何捕捉癞蛤蟆会被判刑?

11月10日中午,我在老河沟河边的石头滩上漫步,这里的石头都被磨得圆圆的。这里是冰川作用形成的峡谷,石头在搬运过程中不断地磨损,被打磨出光滑的表面。河岸上有一只小蟾蜍在不停地蹦跶。除了颜色外,蟾蜍和青蛙有一个重要的区别,那就是肩胛骨是否闭合。青蛙身上的肩胛骨将青蛙的脊柱和上肢肌肉韧带相连接,是闭合的,使得它可以昂首挺胸;而蟾蜍的肩胛骨没有闭合,它看起来总是驼着背。

这是一只中华蟾蜍的幼体,我慢慢靠近它,它一下子蹦走了。相比于它的身体,它的弹跳力惊人,一次弹跳的距离可达身长的几十倍。人类如果拥有如此弹跳力,那将是不可思议的事情。我密切注意蟾蜍头上那对向外凸起的眼睛,它只对动的物体起作用,对于静止的物体视而不见。为何视静不见,见动眼亮呢? 这得从蟾蜍的眼睛结构说起。

我眼中的蟾蜍和蟾蜍眼中的我是完全不同的存在。人眼的结构如同一台照相机,包括巩膜、虹膜、晶状体和视网膜。从感受器接收的信息,经视网膜进行初级加工,再由视神经传递至大脑皮层,进一步加工就产生了视觉。人的眼睛有两类运动方式:一类是随意运动,可以上下左右环视,看到周围的物体;另一类是不受意志控制的轻微颤动,即使在定睛注视时,这种轻微颤动也照样发生。眼睛中的感觉细胞,在轻微的移动中把颜色的信息传给大脑。再看蟾蜍的眼睛,虽然也有晶状体,可是无法轻微颤动,又没有睫状肌来调节晶状体,因此它看不清静止的物体。只有运动的物体,才能在它的视网膜上成像。人和蟾蜍的眼(蛙眼)看到的是不同的世界,蛙眼中的人类不过是一个巨大的阴影,它并不畏惧,只有当这个大阴影移动的时候,它们才会选择逃跑或者躲避。蟾蜍看到的物体只是和自己的生存相关,而人眼中的蟾蜍更多地被赋予文化的含义。

在古代,蟾蜍(青蛙)崇拜和月亮崇拜、母性崇拜是三位一体的。蛙类在神话中是与水和月亮相关的生物，被认为是阴性的。因为蟾蜍繁殖能力强，我国远古先民最早是把蟾蜍视为生殖之神而加以崇拜的。古代神话"刘海戏金蟾"流传开来后，蟾蜍成为招财进宝的象征，人们喜欢将口含金钱的三足蟾放置在住宅、商铺，称其为"招财蟾"。

随着时代的发展，人类渐渐遗忘了这些古老的文化和传说。人们的眼光开始越来越短浅，只注重蟾蜍本身而忽视其文化价值和生态价值。

2017年2月20日，浙江农民陈某因抓了114只癞蛤蟆被警方刑事拘留。当时，包括陈某在内的很多群众"蒙圈"了，逮癞蛤蟆也犯法？在许多人看来，这是一桩小事，警方未免有点儿小题大做了。可是，有多少人知道所谓的癞蛤蟆是什么，它背后藏有怎样的价值？

虽然新闻中提到抓的是中华蟾蜍，但是仅从图片上很难判断。因为给两栖类动物分类极为困难，需要仔细对比标本才能搞清楚。浙江地区的确有中华蟾蜍分布，中华蟾蜍的生境多样化，它在国内分布于东北、华北、华东、华中、西北、西南，在中国南方大部分地区比较常见。可是我们依旧无法就此判断抓的是不是中华蟾蜍。新闻报道中提到"黄蛤蟆只有在海拔1 500米以上的半山腰才有，只有每年正月打雷后，交配的时候出来几天"，这和中华蟾蜍的习性不怎么符合。从分布海拔上看，中华蟾蜍主要生活在水田、草地及水沟、池塘、小河静水水域附近的农作物或杂草丛中，繁殖时排卵于水沟、小河、池塘的水草上。中华蟾蜍分布地海拔很少超过800米，正月打雷后交配和中华蟾蜍的习性更是相去甚远。浙江地区的中华蟾蜍出蛰时间为2~3月上旬，气温在8摄氏度以上时，它们连续出蛰。出蛰后它们选择在有水草的静水水域的浅水区进行抱对产卵。4月月底至5月月初，上岸的中华蟾蜍才陆续可见。

陈某抓的究竟是何种蟾蜍，或许一时难以下结论，但蟾蜍的价值是毋庸置疑的。蟾蜍在很多人眼中不过是一只癞蛤蟆，别说114只，就是1 000只或者1万只，似乎也没有什么大不了的。其实，小蟾蜍背后有大价值。蟾蜍的价值概括起来主要有四个方面：

第一，维护生态平衡。蟾蜍能控制农业害虫，是一种重要的有益动物。它每天要吞食大量的鲜活昆虫和其他小动物，主食是蜘蛛、步行虫、隐翅虫、食蚜蝇、瓢虫、蚌蚝、象鼻虫、蚁类、蛆、蝼蛄、蚜虫、叶甲虫、沼甲虫、金龟子、蚊、蝇、蜘蛛等农田害虫与少量的益虫。由此可见，蟾蜍能够帮助消灭农业害虫，保护农作物免遭虫害，并在居民区吞吃苍蝇等传播传染病的有害昆虫，在保护环境卫生、维持生态平衡、减少传染源等诸方面有积极作用。

第二，作为环境指示物种。蟾蜍所代表的两栖动物是环境改变和污染原因的指示剂，它们有渗透性的裸露皮肤，无鳞、无发、无羽毛，卵无硬壳，以致很容易吸收环境中的物质。许多物种的整个生活史都暴露于水和陆地中的有毒物质中，两栖动物具有冷血动物的特征，对温度的改变、降水和紫外线的增加尤其灵敏。因此，从一个地区中华蟾蜍的数量就可以看出当地环境的好坏。

第三，具有药用价值。蟾蜍的蟾酥是其表皮腺体的分泌物，为白色乳状液体，有毒，干燥后可以入药。蟾酥成分复杂，最早提炼出的有效成分称为蟾酥精，其药理作用与洋地黄相似；后又分离出数十种有效物质，皆有强心等作用。蟾酥是我国传统医药中的一味重要药材。蟾酥和蟾衣的功效在古往今来的药典中都有记载，比如《中药大辞典》中记载：蟾蜍全身均可供药用，干蟾皮可治疗小儿疳积、慢性气管炎、咽喉肿痛、痈肿疔毒等症。

第四，具有科学研究价值。蟾蜍被列入受国家保护的有益的或者有重要生态和科学价值的陆生野生动物名录，是进行生理学、医学研究的重要实验动物。

如此重要的物种，在国人眼中不过是一只癞蛤蟆，它悲剧的命运也就不奇怪了。其实，陈某捕捉的114只蟾蜍，只不过是冰山一角。当前，过度捕捉、商业贸易和开发利用也是造成两栖动物受威胁的主要原因。蟾蜍在上海被加工为"熏拉丝"，其主要来源为沪、江、浙、皖捕获的野生种群，主要利用地区为上海金山区和青浦区，有向奉贤区、松江区及其他上海市区蔓延的趋势。在上海地区，中华蟾蜍的年食用量达300~500吨。

此外，农田里的大量农药也是造成蟾蜍种群大幅度减少的原因。尹晓辉博士采用急性毒性和亚慢性毒性实验，评价几种农药对中华蟾蜍的一般毒性效应。结果发现，农药中的氯吡硫磷（毒死蜱）和丁草胺对中华蟾蜍的蝌蚪属于高毒农药。在细胞水平上，氯吡硫磷、二嗪磷、丁草胺和百草枯具有生殖毒性和致突变效应，并诱导细胞凋亡。乙草胺具有致突变效应，并诱导细胞凋亡。

太史公司马迁有言："人固有一死，或重于泰山，或轻于鸿毛，用之所趋异也。"化用在蟾蜍身上，如果这114只蟾蜍的生命能够唤起人类的良知，使人们关注这些弱小的生灵，也算是死得其所了。

为了生存，动物开启了熬夜模式

在保护区这段时间，我惊奇地发现晚上动物的遇见率越来越高，有些原本白天活动的动物夜晚的出镜率也在提高。比如野猪，现在白天进山几乎难以觅得其踪迹，而红外相机显示夜晚它们非常活跃。为了生存，很多人选择熬夜、加班，被迫改变作息规律，其实这并非人类的专利。在生存面前，人与动物是平等的，都需要努力和改变。

随着人类活动增多，越来越多的野生动物栖息地被人类侵占。在长期与人类打交道的过程中，动物发现一味地逃跑和远离并不是最佳的解决途径，而最好的适应方式是调整活动模式，白天避开人类干扰，选择在夜晚活动。2018年6月14日，国际著名期刊《科学》刊登了一项新的研究发现：为了避开人类活动的干扰、威胁，一些原本的昼行性动物开始转为夜间活动。

为了开展这项工作，研究人员整合分析了来自六大洲、涉及62种动物

夜间行动的赤狐

的研究文章，他们想知道这些动物是如何改变其行为模式以应对人类活动的。分析结果显示：一旦夜幕降临，被调查的动物就变得比人类抵达前更加活跃，它们在黑暗中狩猎和觅食。过去常常将昼夜时间均匀分配的哺乳动物，夜间活动比例增加到68%。该研究小组还发现，这些动物对人类活动的反应惊人地相似：无论人类活动是否直接影响到它们，它们总是尽可能地避开。比如，一只鹿仅仅是看到人类在附近远足，可能人类并没有去追捕、猎杀它，它在夜间也会变得更加活跃。

研究人员认为，动物改变自己的活动模式以实现与人类和平共存，在无法避免被人类干扰的情况下，动物以时间换空间的策略获得了短暂的和平。在尼泊尔人们种植和劳作的地区，老虎更多地转向夜间活动；在美国加利福尼亚州的圣克鲁斯山脉，为了避开远足和骑行的人类，郊狼在夜间更频繁地捕猎。其实，哺乳动物早期祖先也可能因为转向夜行生活而得到生存的机会，因为白天会面临恐龙的威胁。在当时的情况下，向夜行性转变的哺乳动物的祖先成功避免了被超级掠食者恐龙吃掉的命运，幸存下来。

可是，凡事有利必有弊。为了避开人类活动，这些在夜晚活动的动物也面临新的风险。一些原本的昼行性动物捕猎和觅食的能力在夜晚会降低，就连其寻找配偶的能力都会受影响。同样地，改变行为模式也会影响其自然生活方式。因为它们在夜间视力受限，会影响正常行为，通常很难找到食物和水源。比如，鲁阿哈国家公园里的羚羊，为了避开人类活动，增加了被狮子捕食的风险。那些昼行性动物在夜间活动，被夜行性动物捕食的概率增加尤为明显。即使不被来自夜行性捕食者的压力彻底杀死，它们也可能会缩短寿命或抑制繁殖，从而减少种群数量。更为严重的是，这种活动模式的转变可能会改变整个食物网中物种之间的关系，带来不可预测的后果。

第 5 章　　**王朗**
人类导演的动物大战

岩松鼠

　　2017年11月13日，我离开老河沟，来到了王朗国家级自然保护区。这个保护区位于四川省绵阳市平武县境内，是中国最早建立的保护大熊猫等珍稀野生动物的四个自然保护区之一。我到的时候下起了雪，动物的遇见率极低，没有见到大熊猫和金丝猴。路边传来一阵阵鸟儿的叫声，我四处张望，直到低头注视前方的石堆，才发现是岩松鼠在叫，很显然它看到我之后在向同伴们预警："小伙伴们，快躲起来，两脚兽来了！"在松鼠眼中，人类就是一种巨大的怪兽，是如同灭霸般的存在，只需要一个响指就可以摧毁它们的家族。人类的好事者曾将几只北美的灰松鼠带到欧洲，引发了本地红松鼠与灰松鼠之间长达一个世纪的战争，差点儿给本地红松鼠带来灭顶之灾！

像鸟一样叫的岩松鼠

11月15日，早上起来我就上山。雾气笼罩着山巅，半山腰红绿黄镶嵌在一起，随手一拍都是美景。灌丛中的鸟儿早早起来觅食，果真早起的鸟儿有虫吃。这些林鸟多群居，一群占据一块地盘。

我沿着土路往下走，突然见两个小黑身影在路中移动，非常快，一道影子一闪而过。我定睛看去，原来是岩松鼠，它们在路边觅食。和漂亮的红松鼠相比，岩松鼠显得不太起眼，灰色泛黄的毛混进石头里很难看清楚，肚子上毛色稍浅一些，但不太容易看见。不过，它眼睛周围有一圈白，倒是挺明显的；尾巴边缘和末端也有白毛。其实它的耳朵在松鼠里算大的，但耳朵上没有蓬松的簇毛。

我和它们的距离约30米。我躲在一边，一动不动。岩松鼠一会儿从灌丛中出来，一会儿又躲进去，周边还有3只岩松鼠在活动。看着它们若无其事、悠闲自在地觅食，我确定它们没有发现我。岩松鼠的视力并不好，它们灵敏的嗅觉可以弥补视觉的不足。几只岩松鼠在岩石边上轻松地觅食。它们视力不佳，但是听力极为敏锐。

岩松鼠是中国特有种，一种土生土长的松鼠。看看它的拉丁名，你会发现一个熟悉的名字——David。对，它的发现人就是那位著名的法国神父——皮埃

岩松鼠

尔·阿尔芒·戴维，中文名是谭卫道。他在1862年作为传教士来到中国，但将大量精力花在了博物学上。他最著名的两项发现就是麋鹿和大熊猫。当然，当地的中国居民肯定知道这些生物的存在，但谭卫道第一个对它们做出科学描述，因此按照命名规则，发现者之名归他。

昨晚下雨，路边上堆满了落叶和果实，有荬蓁、平榈子，这些都是岩松鼠最爱的美味。很多时候，岩松鼠也会寻找昆虫来补充蛋白质。我尽量不动，但相机拍照发出的"咔咔"声还是被岩松鼠听到了。它立即停止觅食，跑到路边一块石头上。它发现了我，发出"吱吱"的叫声，如同鸟儿的叫声。这是岩松鼠的警报声，它要把敌情传递给同伴。岩松鼠是有颊囊的，它们依靠振动颊囊来发出警报。此外，能看到它像花鼠一样装满被食物鼓得圆圆的脸颊。我听不懂它们的声音，但可以感知这声音背后的含义。在附近活动的岩松鼠听到警报声后，立即做出了紧急规避动作。看来岩松鼠是把我这只两脚兽当成天敌对待了。一只岩松鼠立即爬到岩石的缝隙中。顾名思义，岩松鼠是喜欢岩石的松鼠，往往在丘陵山地多岩石的地方活动——虽然松鼠往往让人联想到爬树。岩松鼠的确是爬树高手，但它还是在地面上活动的时间更多，巢也通常筑在石头缝里。

松鼠们纷纷躲避，岩石上报警的那只松鼠立即撤离到路下边的灌木林中。它完成了自己的使命，给同伴们提供了准确的情报，而后光荣隐遁。我佩服报警者的勇气。要知道，我这只两脚兽没有能力捕捉它们。其实就算它们不愿躲避，我也奈何不了它们。但是如果换成苍鹰或者鹰雕等猛禽，报警者短短几秒就可以给同伴赢得生的机会，可是也会暴露自己的位置，从而给自己带来杀身之祸。人类称这种行为是舍己为人，在动物中道金斯博士称其为亲缘利他行为，说的就是个体可以为了种群的发展，牺牲自己的利益。即便是这只松鼠被捕杀，它的同伴们也依旧可以把基因传递下去，从而保证种群的生存和繁衍。如果个体没有这种预警机制，它们的种群就可能遭到大规模屠杀。

雪山飞狐：寒号鸟不是鸟

我们继续前行，森林中还生长着篦子三尖杉、铁杉和云杉。对于辨别这三种杉，我曾经非常苦恼，因为它们长得太像了。其中篦子三尖杉相对好认，它外形很像人类梳头用的篦子，叶片像一把军刀。云杉叶片参差不齐；铁杉的叶片较短，呈簇状。

小路上散落一段段光秃秃的树枝，每根的长度在20厘米左右，长短不一，如同数据线般粗细。前后散落4~5米，有10多根。树枝的皮被剥得干干净净。我们查看了树枝，还比较软，估计就是这两天的痕迹，这是稠李树的枝条。这和前面我们发现的金丝猴的食迹非常像，而且金丝猴也喜欢吃稠李树的树皮。可是不同之处在于，金丝猴牙齿大，刨得没有那么干净。我们仔细查看，发现枝条上留下了细细的齿痕，如同老鼠的牙迹一样。我们判断这是飞鼠的食迹，它的巢穴就在附近。

从食迹处往前几十米，有一棵巨大的连香树，从树的基部分出五支树干，好像五兄弟抱在一起，我称它们为"一母五兄弟"。在连香树的一支枝干处，有一个大树洞。我站在连香树前几米处，开始估算树洞的高度。在野外有一种简便的估算方法。我先用手掌量出一米的距离，而后看看从树根部到树洞有几个手掌的距离。经我初步估算，树洞离地面约8~9米。这就是鼯鼠（也称飞鼠）的洞穴，它一直生活在这里，唐叔之前在洞穴门口发现过它们。

鼯鼠在不在家？我们用树枝敲打树干。如果鼯鼠在家，它们就会被外界的吵闹惊动，出来查看情况。我们连续敲打了一会儿，始终不见鼯鼠的动静，可能它不在家，外出觅食去了。当然也有另一个可能：它不住在这个家中了。

在金庸的武侠小说《雪山飞狐》里，有种会飞的狐类动物叫作飞狐。事实上，这种动物不是飞狐而是飞鼠。飞鼠属于松鼠科，全球共43个种。中国是最早记录飞鼠的国家，早在我国的第一部词典、成书时间不晚于西汉初年的《尔雅》中，就有关于飞鼠的描述。《荀子·劝学》："梧鼠五技而穷。"梧鼠就是鼯鼠，或作鼫鼠。北齐颜之推《颜氏家训·省事篇》："鼯鼠五能不成伎术。"《说文解字》："鼯，五伎鼠也，能飞不能过屋，能缘不能穷木，能游不能度谷，能穴不能掩身，能走不能先人。"古人就这样就把飞鼠当成了学艺贪多而不精的例子。这段话的意思是：飞鼠会5种技能，它们会飞，但飞不过屋子的高度；会爬树，却不能爬到树梢；会游泳，却没法横渡江河；能挖洞，但洞挖得太浅了，还不足以隐藏自己的行踪；能跑，速度却很慢，连人都跑不过。

　　古人的描述和科学研究存在很多出入。飞鼠一般在自己的家域活动范围内有多个巢穴，这样可以起到迷惑天敌的作用。看来狡兔三窟并非兔子的专利，很多动物都会采取这种策略。根据唐叔之前拍的照片，这是复齿鼯鼠，属于中国特有种。飞鼠被称为寒号鸟，也被称为"会飞的老鼠"。不过它不是真的飞，准确地讲是滑翔！鼯鼠的前后肢之间有软毛皮褶，称作皮翼。它爬到高处，将四肢向体侧伸出，展开皮翼，就可以由上而下在空中往远处滑翔，因而俗称飞鼠。那对隐形的"翅膀"就是由前后肢之间的皮和肌肉构成的翼膜。这种翼膜与鸟类和蝙蝠的翅膀结构都不相同，不能进行拍击，无法产生升力和推力，因此飞鼠并不能像鸟类那样自由地飞翔。飞鼠翼膜的功能类似滑翔翼，可以使它们

红白鼯鼠
蔡琼　摄

在空中进行滑翔飞行。在滑行的过程中，它那蓬松的大尾巴可以起到舵一样的作用，完成空中调节。例如，当飞鼠在树上被敌人追得走投无路时，它会在树梢上纵身一跃，然后展开四肢——看上去就像一块在空中展开的毛皮，利用四肢间宽大的翼膜滑翔到远处的树上，逃脱敌人的追捕。科学家观察发现，飞鼠的滑翔距离一般约为50米。飞鼠只需要调整四肢，就能在空中滑翔时控制速度及方向，甚至能进行快速转弯。依照飞鼠模样设计出的飞行服，在双腿、双臂和躯干间缝制有大片结实的翼膜，几乎完全复制了飞鼠的特殊结构。

在森林中，飞鼠一般独自居住，昼伏夜出，白天躲在树洞中休息，夜间则外出觅食，黑夜才是它们的舞台。飞鼠的耳朵不好使，很多时候我们大声说话，它们也不为所动。复齿鼯鼠是杂食性动物，它们主要采食植物性食物，尤其爱吃松柏的籽实、针叶和嫩皮，也爱吃油脂丰富的坚果和嫩叶，偶尔还会捕食包括甲虫在内的其他昆虫。在食物匮乏的冬季，飞鼠不会离开巢穴觅食，但也不会冬眠，所以它平常就会把过冬所需的食物储存在巢穴内。

在飞鼠的巢穴附近，往往会发现不少粪便。对于国人来说，飞鼠的粪便不仅不是肮脏之物，还是一味名贵的中药材。飞鼠的粪便可分为灵脂米和灵脂块两种：灵脂米指的是干燥后的飞鼠粪便，形状大小如西药的胶囊，表面粗糙，呈棕褐色或黑褐色；灵脂块则是飞鼠尿和粪便凝结而成的不规则团块，呈黑棕色或黄棕色，有油润性光泽，并有腥臭味道。有的灵脂块还夹杂着类似松香的黄棕色物质，那是飞鼠干结后的尿液，同样可以入药。

中医认为飞鼠的粪便"状如凝脂而受

灰鼯鼠
蔡琼 摄

五行之气"，将其称为"五灵脂"。这是一味疏通血脉、散瘀止痛的良药，内服能治疗心腹血气诸病，如妇女月经不调、产后瘀血等妇科疾病，以及胃痛、心绞痛等病症；外用则能治跌打损伤，甚至能治蛇、蝎、蜈蚣等毒虫的咬伤。据现代医学研究，飞鼠的粪便里含有一种特殊的酶，以及大量的树脂、尿素、尿酸及维生素A等物质，对抑制结核杆菌的生长有显著的效果，在临床上的应用很广泛。

由于飞鼠的巢穴总是隐藏在人迹罕至的深山老林或悬崖峭壁上，采药人为了得到五灵脂，不得不冒着生命危险深入山林，爬上大树或悬崖上的山洞进行采集。因此在古时候，五灵脂十分稀少，价格高昂，只有富有的贵族才有条件使用。如今，五灵脂的来源都是人工饲养的飞鼠，价格也一步步跌落，成了一种寻常的药材。

松鼠的合纵连横

岩松鼠和复齿鼯鼠有足够的理由害怕人类，在它们眼中人类拥有摧毁一切的力量。曾几何时，人类一个无意识的举动就差点儿把欧亚红松鼠带入灭绝的深渊。

19世纪，人们出于娱乐的目的，把北美的几只灰松鼠带入欧洲。经过短暂的适应，灰松鼠慢慢融入了欧洲森林的生活，开始反客为主，疯狂抢占本地原住民红松鼠的地盘，掠夺它们的食物，并将可怕的病毒传染给它们。面对灰松鼠的步步紧逼，红松鼠一忍再忍，一退再退，直到种群灭绝的边缘。

种群存亡之际，红松鼠做出了一个最冒险的举动——借天敌之手对付灰松鼠。战争的天平开始慢慢倾斜……

1876年灰松鼠首次被从美国引入英格兰柴郡，其后的50年里英国有33

红松鼠
邢睿 摄

次灰松鼠的引种记录，这包括1876—1929年从美国引入英格兰和威尔士，1911年从英格兰引入爱尔兰。1948年，灰松鼠被从美国华盛顿引入意大利西北部皮埃蒙特地区的斯图皮尼基。1966年，又被从弗吉尼亚州的诺福克引入意大利热纳亚纳维的公园。1994年，意大利诺瓦拉省也曾在城市公园里释放过灰松鼠。

灰松鼠最初的引入数量很少，每个引入点少则1对，多则5对，1930年前的英国灰松鼠种群仅局限于引入地局部。而在意大利，一直到1970年灰松鼠也仅仅分布在其引入点周围25平方千米的范围。

在欧洲灰松鼠属于典型的外来物种，开始的时候周围的环境和地理屏障会限制它们的活动。然而，当灰松鼠经历严酷的筛选过程，在当地建立了可自我维持的居留种群之后，在适宜的条件下种群数量就可能急剧增加，从原有的种种限制中逃逸并向四周蔓延扩张。

被引入意大利的灰松鼠种群中，由于被海洋和高速公路包围，引种到热纳亚纳维的种群至今仍分布于释放地周围2~3平方千米的有限范围内；而被释放到皮埃蒙特的种群在1948—1970年间，受周围大面积农田的影响，扩张速度仅为每年1.1平方千米，但当它们越过这一区域，沿着波河和大片的阔叶林地扩张时，种群分布的增长速度达到每年250平方千米，目前灰松鼠种群已经广泛分布于意大利北部。在英国，经历1930—1945年灰松鼠种群分布区的爆发性扩张之后，目前英国的灰松鼠已经广泛分布于英格兰、爱尔兰、威尔士和苏格兰低地的大部分地区。

由于渐渐适应了欧洲当地的环境，灰松鼠开始走上扩张之路，并且开始"喧宾夺主"，不断压缩当地红松鼠的生存空间。灰松鼠和红松鼠的战争就此展开，可是这场战争几乎是一边倒，没过多久红松鼠就败下阵来，并且是惨败！

按理说强龙不压地头蛇，灰松鼠不过是欧洲的外来户，为何能将当地的原住民红松鼠逼迫到如此窘迫的地步呢？这还要从灰松鼠的行为习性说起。

灰松鼠主要栖息于阔叶林中，以橡实、核桃等阔叶树种子为主要的越冬食物。分布区横贯欧亚大陆寒温带地区的红松鼠则主要分布于针叶林地中，以针叶树的种子作为越冬食物。灰松鼠入侵欧洲后，对阔叶树种子的利用效率要明显高于红松鼠，在入冬前可以积累更多的脂肪。对于越冬的松鼠而言，只有积累足够的脂肪才能熬过饥寒交迫的冬季。就这样，灰松鼠成功地将红松鼠从阔叶和针阔混交林地排除出去。而在针叶林地中，同样作为分散贮食动物的灰松鼠凭借盗取红松鼠贮食点的生存策略，直接导致红松鼠无法成功越冬。正因为如此，凡是有灰松鼠存在的生境中，红松鼠的生殖率和幼体成活率均显著下降。灰松鼠就这样慢慢抢占了红松鼠的地盘，不过这仅仅是地盘的争夺，之后就是灰松鼠对红松鼠疯狂地"屠杀"。

最为可怕的是，灰松鼠携带的一种痘病毒对于红松鼠而言是致命的，但灰松鼠机体则早已形成了相应的免疫机制，不受其影响。在灰松鼠的打压之下，红松鼠一败涂地，甚至到了种群灭亡的边缘。

在英国，由于灰松鼠入侵，红松鼠种群急剧衰落，目前仅仅残存于英格兰北部和苏格兰部分地区的小片针叶林地中和部分岛屿上。最近的一次评估表明，目前英格兰大约有250万只灰松鼠，而红松鼠种群则仅存不到1.4万只。意大利的情况与此类似，55%以上的红松鼠分布地被灰松鼠占据。

面对灰松鼠的步步紧逼，红松鼠一忍再忍，一退再退，直到种群灭绝的边缘。种群存亡之际，红松鼠做出了最冒险的举动——"借刀杀人"。

这里的"刀"是指松貂，是一种大小如猫、以松鼠为食的食肉动物。红松鼠借天敌之手对付灰松鼠，这真是一个冒险的策略。红松鼠能成功吗？

在灰松鼠到达之前，红松鼠在欧洲的主要天敌就是松貂，二者维持着捕食与被捕食的关系。灰松鼠到来之后，红松鼠不得不面临灰松鼠和松貂两座大山的压力，生存举步维艰。在与灰松鼠的战争中，红松鼠一败涂地，如果再像以前一样被天敌捕杀，它们真的可能就此灭绝。穷则思变，红松鼠虽然依旧无法抵御灰松鼠的侵略，但是它们慢慢进化出应对松貂捕食的逃避之策。恰恰是这轻微的改变，使得战争的天平开始慢慢倾斜。

红松鼠掌握了更好的应对松貂的策略，接下来倒霉的就是松貂了。长期以红松鼠为食物的松貂开始犯愁，它们也是时候调整下捕食的策略了。此时，林中的灰松鼠给松貂带来了新的食物。灰松鼠虽然可以击败红松鼠，但是从来没有和松貂打过交道，更不知如何应对新的天敌。

红松鼠已经争取到了一个似乎不太可能的同盟者：它的天然捕食者松貂。局势开始向着有利于它们种群发展的方向转变。

2007年的一次生态调查中，科学家发现：北美灰松鼠数量出现意想不到的下降，而松貂数量相应上升。研究人员分别收集了生活范围内有灰松鼠和没有灰松鼠的松貂排泄物及毛发样本。在两个物种出现重合的地方，所得结果非常不同，于是研究人员用经过特殊训练的狗在灰松鼠聚居地模拟松貂的叫声。

实验结果表明，在松貂数量众多的地方，红松鼠与它们的天敌一起繁荣发展。排泄物调查显示，松貂不仅会在"食谱"里增加灰松鼠，而且会尽情享用这种入侵者——通常对灰松鼠的食用量是对红松鼠食用量的8倍。

科学家相信，红松鼠已经获得了防御捕食者的技能，例如：更好的爬树技能。由于它们与松貂共同进化，因此红松鼠在与灰松鼠的竞争中占上风。另外，由于栖息地保护和反捕猎法律的出台，爱尔兰松貂的数量持续恢复，而红松鼠的复苏也将不再只是一个疯狂的想法。

人类的无心之举打破了自然的平衡，红松鼠因为北美灰松鼠的入侵而罹难，一度到了岌岌可危的地步。如果红松鼠会说话，它将会如何看待人类？不曾想近百年来，大自然的天平向红松鼠倾斜，借助松貂的力量，灰松鼠的种群得到控制，红松鼠的种群得以恢复。天道的轮回不正是自然的规律吗？

未雨绸缪：松鼠的贮食行为

11月16日，在王朗保护区已经是冬季了。晚上气温降到了零摄氏度以下，天空飘起零星雪花。森林中的小动物们如何过冬呢？

中午太阳出来了，我看到树上的小松鼠从树上下来，它们四处寻找着什么。远处有一只松鼠扒开覆盖积雪的叶子，从里面扒出松塔。紧接着，它又从另外几处地方找到类似的食物。这不像是偶然的发现，而是蓄谋已久的存储。

松鼠直接以种子为食，是纯种子掠食者。但松鼠可通过贮食行为来完成对植物种子的传播，称为贮食传播。所谓贮食是指动物在食物丰富时，贮存一些食物以备将来食物缺乏之用。松鼠的贮食行为包括种子的寻找—选择—搬运—贮藏—再取食等一连串行动。被贮藏的植物种子如果未能被再取食，极可能萌发。贮藏的种子可能被盗食或遗忘，又或者腐烂、发芽等，而且贮食本身也需耗费很多能量，因此这种行为多发生在种子的量和质不稳定的环境中。比如，在具有季节性的温带森林、种子产生不规则的热带森林、受降雨条件限制的沙漠等生境里，松鼠的贮食行为非常发达。

松鼠的贮食大体上可分为两种类型：一种是分散贮藏，一种是集中贮藏。分散贮藏是将大量的植物种子放置在多个贮点，每个贮点存放有一至几粒种子，贮点一般接近地表。在条件合适的时候种子可能萌发为幼苗，这类贮藏对植物种子有传播作用。

集中贮藏是将大量的植物种子放置在一个地点，比如巢穴等，一般有一定的深度。采用哪种贮藏方式由松鼠的种类、种子的特点及周围环境决定。多数松鼠只采用一种贮藏方式，也有少数种类的松鼠两种方式都用。红松鼠在北美针叶林中对球果进行集中贮藏，在阔叶林中则对橡子进行分散贮藏。

分散贮藏的每个贮点种子数较少。北美花鼠贮藏一种蔷薇科淡灰色灌木种子的贮点种子数为4~11粒，贮藏美国黄松松子的贮点种子数为1~35粒。松鼠贮藏红松种子的贮点种子数为1~11粒。松鼠分散贮藏的目的不是为了传播种子，而是为将来准备食物，因此会重新取食种子。

既然储存食物以备不时之需，那么在茫茫林海中，松鼠们又如何找到自己储存的食物呢？

灰松鼠、美洲赤狐和红松鼠可能靠空间记忆找回贮藏的食物。科学家在野外实验中发现，灰松鼠能很快找到自己埋下的种子，却很难发现试验人员埋下的种子。在森林中，可以观察到红松鼠会直接爬上藏有干蘑菇的松树。干蘑菇挂在树冠中，地面上的红松鼠既看不见，又闻不到蘑菇的气味，唯一可能的解释是红松鼠记住了贮存蘑菇的地点。

松鼠分散贮藏的种子量非常大，但重取率也很高，比如北美花鼠所贮藏种子的63%~80%会被重取。尽管如此，仍然会有很多贮点被遗忘或剩下，继而得以萌发。

贮点的微环境对种子能否萌发有至关重要的影响。选择分散贮藏的松鼠将大量的种子分散埋藏在地表下和林地内的枯落层下，这样的贮点生境往往非常适合种子萌发。北美花鼠将绝大多数种子埋藏在地下7~22毫米的深度，非常适合种子的萌发。日本北海道的研究表明，松鼠埋藏的红松种子深度多在2.5~3.5厘米，这一深度被认为有利于松树的种子萌发。

有很多被遗漏的贮点，直到第二年春天长出了树苗，松鼠们才知道这里曾埋了"粮食"。它们无意中当了义务育苗员，这种行为对于种子的传播是大有好处的。

松鼠存储食物首先可以帮助种子逃避捕食和避开竞争。松鼠分散贮藏有效地降低了种子的密度，并且将其隐藏起来，有助于种子的存活。红松种子如果落在母树下，会全部被松鼠食用，而松鼠的分散贮藏能有效地保存许多种子至萌发。其次，松鼠贮食可以扩大植物种群的分布，虽然松鼠的搬运距离通常只有几十米，但传播地往往是新的分布区。况且，松鼠对于种子的传播和鸟类不一样。松鼠的贮食传播是定向传播，不仅将种子带离种源，而且把种子带到能萌发的小生境；鸟类传播则多是种子随粪便随机传播。不过，鸟类传播种子是动植物间的互利共生关系，植物以果实中的果肉吸引鸟类取食，鸟类获得了报酬，也帮助了植物种子扩散。以松鼠为代表的贮食传播则不同，松鼠是直接以种子为食物的，因此它是种子捕食者兼传播者。松鼠与种子之间的关系比较矛盾，植物既要依赖其传播，又要防御其捕食，不是简单的互利共生关系。

和人类相比，这些弱小的动物无法在智力上胜出。可是，动物最大的智慧在于懂得与自然和谐相处，这一点恰恰是很多地区的人类不具备的。在自然界，很少有动物会把环境破坏殆尽，而这种现象在人类世界却比比皆是。谁说动物不如人类？

森林杀手：自然界失衡的后果

多数松鼠的贮食行为可以间接起到植树造林的作用，但是也有个别松鼠因为不良嗜好而危害森林。其中赤腹松鼠就是一个典型的代表。

赤腹松鼠又称红腹松鼠，因腹部有赤色的毛而得名，尾巴长而蓬松，因此被人称为膨鼠。赤腹松鼠分布较广，在中国主要分布于南方各省，生活于平地到海拔2 500米的森林中。当你漫步在柴山步道上，如果听到"嘎—嘎—嘎"的声响，那就是赤腹松鼠的叫声了。

当下，中国野生动物大多生存艰难，种群数量一再缩减。赤腹松鼠却反其道而行之，它们不仅在野外活得逍遥自在，还呈现出扩张的势头。

为何如此？这还要从它们自身的素质说起。赤腹松鼠具有很强的环境适应能力。它的动作十分灵活，反应敏捷，具有高超的跳跃技巧，可以在树干上快速奔走。它们的食物来源广泛，主要的食物是植物的种子、果实、嫩芽和花朵等，有时也会吃昆虫。

赤腹松鼠的种群扩张还得益于其惊人的繁殖力和躲避天敌的能力。赤腹松鼠一年四季都有繁殖的可能，繁殖的高峰期集中在春季的2~4月，每胎1~3只。赤腹松鼠的巢通常筑在浓密的枝干上，巢的直径在40~60厘米之间，巢外围是较粗的树皮，内层则铺上较柔软的嫩草或细丝状树皮，非常舒适。有趣的是，一只赤腹松鼠不止筑一个巢，也不一定每天都回家，这样一来，天敌便无法"守株待鼠"了！

赤腹松鼠作为森林中植物种子重要的消费者和传播者，对促进森林植被的恢复有重要作用，但它同时也是一种森林害鼠。它们在浙江省、四川省和台湾地区等地对人工林造成较大的危害，在四川省洪雅县已经成为第一大森林害鼠。在洪雅林场，赤腹松鼠的危害主要表现为：以剥食针叶林木的树皮为主，剥食树皮多呈条状，深达植物结构的形成层；伤口宽大，多发生于树液流动期间，影响养分的输送，并且容易引起真菌危害，使木材腐朽，从而影响树木生长和成材品质。

不过，赤腹松鼠对森林造成危害的主要原因在于人工林种植单一树种，导致它们的栖息地遭到破坏，食物来源严重短缺，使其不得已而啃食树皮以求生存。赤腹松鼠啃咬树皮的时期主要发生在2~4月，这3个月为植物果实

赤腹松鼠

最少的月份。在植物果实匮乏的月份里，赤腹松鼠对部分树种树皮的偏好高于花、芽等部分。

赤腹松鼠啃剥林木的主要原因与食物缺乏有关，其次是搜集筑巢材料。科学家通过野外调查发现，掉落在地下的包含木栓、木栓形成层和次生韧皮部的树皮，其中一部分树皮的韧皮部有被啃食的痕迹，但80%以上未发现啃食痕迹。因此，这种类型的啃剥既有一部分用于食物补充，也有一部分用于磨牙或其他需要。同时，科学家通过获取完整的赤腹松鼠巢发现，巢内有大量柳杉、杉木树皮，其中90%以上为周皮，包含木栓和木栓形成层，次生韧皮部的树皮很少，从而佐证了赤腹松鼠啃剥的外周皮是用于做巢的巢材。

赤腹松鼠啃食树皮时或头上尾下，用牙齿切入树皮，一点点儿向上撕扯；或选中一侧枝，身体蜷于枝上；或将整个身体附于树枝上，将尾巴缠在枝条上。有时它们撕扯树皮只是一种玩耍方式，用两条后腿及尾巴撑起身体，前肢不时地拍打或梳洗皮毛。

为了应对赤腹松鼠的危害，林场采取了一些方法，一方面通过在局部营造针阔混交林，人工抚育增加林内的透光度，破坏赤腹松鼠适生环境，适当留存部分杂木林，给其适度的生存空间等方式改善栖息地的环境条件。另一方面，通过保护赤腹松鼠的天敌——鹰、蛇等，进行生物防治。这些办法对赤腹松鼠的种群起到了一定的控制作用，但由于野外防治难度大，不确定因素多，还没有找到更为有效的防治措施。

在原始环境下，赤腹松鼠无法危害森林，正是人类的干扰打破了这种自然界的平衡。一旦自然界失去平衡，最后危及的恰恰是人类。正可谓：万物皆空，唯有因果不空。

第 6 章　**神农架**
自然界的生化危机

神农架国家级自然保护区位于湖北省西北部，地处长江和汉水之间，是中国首个获评联合国教科文组织人与生物圈自然保护区、世界地质公园、世界遗产的地方。2018年3月19日，我到达神农架调查川金丝猴，这里有人工习惯化的猴群，非常容易看到，为科学研究提供了便利。我也试着寻找野外状态下的猴群，可是终究没有找到。去的时候不巧，一连几日都在下雨，我得以俯下身子观察地面上微小的动物——蚂蚁，震惊于蚂蚁帝国的强悍，感慨红火蚁的顽强。当我抬起头的时候，发现一群蝙蝠在空中起舞，它们是黑夜的幽灵，拥有种种不可思议的行为：吸血蝙蝠可以和同胞分享食物，雌性短鼻果蝠会通过给雄性口交来延长交配时间，它们位列地球上最成功的动物。

蚂蚁帝国的伟大所在

　　黎明的阳光洒落神农架保护区。一只孤独的蚁后正在慢慢开挖洞穴，不出几个月，这里将拥有上百万蚁民。它在不停地挖掘洞穴，一旦进入洞穴，它将终生待在地下，再也不能接受阳光的沐浴，这就是蚁后的宿命。想打造一个超级蚁群绝非易事，需要几只蚁后合作，共同在一个蚁穴中繁殖。一只蚁后一次可以产上千枚卵，每枚卵只有针尖那么大。过不了多久，这些蚁卵孵化出来之后，蚁群就会具备成千上万个劳动力。

　　蚂蚁依靠团结合作，从觅食、筑巢到繁殖，它们在生命中每个阶段都离不开集体。蚂蚁是一种真社会性动物，它们分工明确，世代重叠，合作照看后代。一个蚁巢中所有的雄性都由未受精卵发育而来，而雌性（工蚁）都是由受精卵发育而来。在早期人类的眼中，蚂蚁是微不足道的，可是当人类俯下身子研究这些微小的蚂蚁时，不禁感叹它们异常强大。在蚂蚁的眼中，并没有两脚兽的存在。但它们能通过灵敏的感官系统，感知周围的变化。蚂蚁体内有400多个气味受体，是同等大小其他昆虫的5倍。蚂蚁之间的交流以及它们对世界的认识，依赖于前面的触角。它们把自己的发现通过信息素的方式标记下来，告知同类。这是一种化学物质，人类无法感知。信息素中包含大量的信息，包括猎物位置，以及哪些地方可以通过、哪些地方不可以通过。前面的蚂蚁留下信息素，后面的访问者留下更多，这些信息素连在一起就成了一条条四通八达的高速公路。

　　蚁群和人类社会一样，是一个精密的社会。蚂蚁们职责分明，精诚合作，共同为了蚁群贡献着自己的一切，甚至是自己的生命。不过，这里面没有真正的王，所谓的蚁后不过是一台生育的机器，它没有办法发号施令，不过它可以分泌一些化学物质并涂抹在工蚁身上，让大家区分敌我。整个蚁群的行动不存在统一的指挥者，都是通过一只只蚂蚁个体间沟通来实现的。爱德华·威尔逊和伯

蚂蚁
刘克锦　绘

特·荷尔多布勒的《超个体》一书（英文原版出版于2008年，中文版于2011年出版）中，将整个蚁群当作一个超个体。而每只蚂蚁就像人体的细胞一样，蚁后就相当于一个生殖器官。一只蚂蚁离开蚁群无法独立存活，它为了蚁群放弃自身的繁衍，只为蚁后繁育后代。

蚂蚁无疑是地球上最成功的物种之一，目前已知的蚂蚁大概有12 000（或14 000）种，分布在世界各地，其总重量和人类差不多。不同种类的蚂蚁拥有不同的生存方式。

东非行军蚁过着游牧生活，它们拖家带口游荡，行军队伍包括蚁后和卵蚁。行军途中，它们可以找到临时定居点，建造"临时行宫"。这种巢比较特殊，所用的材料都是活动的物体。蚁后位于正中央，巢是由行军蚁用身体组成的。每只行军蚁可以支持相当于自身体重500倍的重量，犹如一根根柱子。它们外出觅食，集体行动，穿越地球上最险恶的环境。在南美的亚马孙雨林中，行军蚁浩浩荡荡。一支行军蚁队伍大约有50万个体，它们每天要吃掉3万多只猎物。

食物匮乏时怎么办？人类号称地球上最具智慧的动物。早在1万年前，农业起源于中东地区，人类通过驯化自然界的植物进行种植，可以拥有稳定的粮食产量。相比于原始的采集生活，农业的出现是人类文明史上的一次飞跃。可是，在蚂蚁面前，人类农业史是微不足道的。大约5 000万年前，地

球上诞生了最古老的农民。阿根廷切叶蚁靠植物为生，它们的食物看似源源不断，其实不然。植物的叶子含有纤维素，切叶蚁无法消化。为了克服这一难题，蚁群组成了一条完整的生产线。工蚁利用强有力的上颚把植物的叶片切割下来，而后运回蚁穴。它们在地下建立了一个庞大的作坊，咀嚼叶片，制造叶浆，而后作为肥料供给一种真菌，这些真菌才是它们赖以生存的植物。

自然界的生化危机

　　经典电影《生化危机》讲述了一种神奇的病毒感染了"蜂巢"里的工作人员，他们瞬间成为恐怖的丧尸，疯狂咬伤其他同类，被咬伤的同胞也会变成丧尸。其实，自然界中也存在着类似的丧尸。

　　在巴西的热带雨林中，一只蚂蚁离开了蚁群独自前行。蚂蚁集群生活，现代科学家将一个蚁群看成一个超个体，一只离开蚁群的蚂蚁如同盲人和聋人，根本没法独自存活。这只离开群体的蚂蚁爬到一片高高的叶子上，紧紧咬住叶脉，一动不动，它的生命就此停止。不久之后，它的头部长出了芽孢，显然这只蚂蚁受到了真菌的感染。

　　此刻，多情的人类正在感慨蚂蚁的伟大，它因不愿感染同胞而独自走向死亡。现实没有那么多情，这只蚂蚁其实是被真菌感染了，如同丧尸一般，虽然没有立即死去，但是已经丧失了自主能力，全凭真菌摆布。真菌感染蚂蚁其实是一种寄生行为，这只是第一步。真菌的成长需要一定的温度和湿度，为了找到合适的环境，它必须向宿主蚂蚁下达命令。这只被真菌感染的蚂蚁早已无法控制自己的行为，它在真菌指引下，寻找一处最利于真菌生长的环境。于是出现了刚才的场景，丧尸蚂蚁爬到距离地表一定高度的适合真菌生存的环境中，停了下来。

紧接着，从蚂蚁身上长出的真菌会继续释放孢子，感染其他蚂蚁。如果碰巧真菌生长的地方没有蚂蚁经过，留在地面的孢子就会长出第二个芽孢，继续寻找机会感染蚂蚁。

早在1992年，美国科学家约瑟夫·贝卡尔（Joseph Bequaert）就已经发现了真菌感染来氏弓背蚁的现象，被感染的来氏弓背蚁在死亡前紧紧咬住叶子，随后其头部会长出红色的真菌。考古学家在树叶化石的背面发现了丧尸蚂蚁死亡前的咬痕，说明这一循环已经持续了4 800万年。

2011年美国宾夕法尼亚州州立大学与国际农业与生物科学研究中心的

冬虫夏草其实也是"丧尸"

研究者在巴西雨林实地考察期间，发现有4种古老的真菌可以感染蚂蚁，让蚂蚁为它们服务。现实中，这4种真菌将孢子落在蚂蚁身上，然后利用一种酶侵入宿主。这些被真菌感染的蚂蚁不会立即死亡。因为在达到自己的目的之前，真菌不会让它们死去。真菌大约在侵入蚂蚁后一周左右，开始释放一种化学物质，以控制蚂蚁的大脑，决定它的行为。在真菌的控制下，这些蚂蚁会离开群体，爬到一块适合真菌生长的地方。

难道蚂蚁对于这种真菌就没有一点儿办法吗？

自然界的精彩在于环环相扣，彼此制衡。我们姑且把感染蚂蚁的真菌称为丧尸真菌。丧尸真菌感染蚂蚁，按照自己的计划控制蚂蚁。科学家在一些被真菌感染的蚂蚁身上发现，长出的不止一种真菌。自然界中存在一种专门感染丧尸真菌的真菌，它们在蚂蚁死后会把丧尸真菌杀死，真可谓"螳螂捕蝉，黄雀在后"。前面的真菌只是让蚂蚁离群后静悄悄死去，惊悚的在后面。

滑翔蚁是蚂蚁中的飞行高手，它可以从高高的树上直接跳下，利用臀部和腿部控制滑翔方向，在空中利用后背"翻筋斗"，以此安全着陆。2005年，美国佛罗里达大学的生态学家史蒂夫·雅诺维亚克（Steve Yanoviak）在亚马孙雨林研究滑翔蚁时，偶然发现在黑色的滑翔蚁群中，有一只鹤立鸡群，它有一个大大的红屁股，看起来就像一颗熟透的浆果，格外引人注目。

这是怎么回事呢？难道是滑翔蚁的变种。

史蒂夫观察发现，这种红屁股的滑翔蚁会将屁股高高地翘起来，而后等待鸟儿将它一口吞下。这不是"舍己为鸟"，而是身体被寄生线虫控制了，如同僵尸一般。一些滑翔蚁会把鸟粪当食物，而鸟粪中可能含有寄生线虫的卵。一旦滑翔蚁将寄生线虫的卵吞下，线虫在其体内发育，它的尾部就会变得又红又大，像一颗熟透的浆果，引来鸟类吞食。鸟儿把感染的滑翔蚁吞下，寄生线虫随后在鸟体内产卵，其虫卵随着鸟儿的粪便传播出去，进一步寄生其他蚂蚁，以此完成生命的轮回。

不仅仅是动物界有被寄生的"丧尸"，植物界一样存在。

在美国科罗拉多高山草甸生长着一种南芥属的植物，这种植物一旦被锈病菌感染，叶子就会慢慢变黄。变黄的南芥酷似毛茛科植物开的黄花，足以以假乱真，周围的蝴蝶都纷纷被吸引过来。这些被吸引过来的蝴蝶随即感染，把这种真菌孢子带走，帮助其繁殖下一代。

人体中的寄生现象比较复杂，但也并不都是坏事。

2016年，纽约大学朗格尼医学中心研究人员在《科学》杂志上刊登了最新研究成果，他们发现肠道寄生虫可以通过影响肠道菌群治疗肠道疾病。肠道寄生虫能帮助改善肠道炎症性疾病，同时伴随着肠道菌群的改变。这一发现符合"卫生假说"。卫生假说是免疫学家于20世纪晚期提出的，解释了为什么当时民主德国肮脏环境下的孩子不容易过敏，而联邦德国干净环境里的孩子容易过敏。实际上，用俗语来解释就是"不干不净吃了没病"。

卑微的伟大：红火蚁的生命之舟

人类讲究合作，在合作方面蚂蚁堪称完美的典范。红火蚁是几百种火蚁中的一员，比普通蚂蚁略大，体长3~6毫米。从外表看不出红火蚁的"蚁品"，只有行为才反映出它们的

红火蚁
刘克锦　绘

品质。红火蚁有"五凶"：喜攻击、爱咬人、吃种子、蜇动物、钻电箱。大约有2%的人对红火蚁毒液有过敏反应，严重时可导致休克。红火蚁在食性上也不像其他的蚂蚁那样"吃斋念佛"，它是典型的肉食主义者，这种蚂蚁蜂拥而上时可以捕杀昆虫、蠕虫和啮齿类动物，在几个小时之内可以将一只小型动物啃得只剩骨头。

红火蚁凶悍的捕猎能力，靠的是庞大的家族和致命的武器。和其他蚁种一样，红火蚁群居生活，社会分工明确，它们的工蚁和兵蚁全部为没有生育能力的雌蚁，蚁后负责生产和孵化蚁卵。在众多红火蚁中，由于每次生育过程只需要一只雄蚁，因此雄蚁的数量远比雌蚁少。红火蚁群为单后制或多后制群体，蚁后每天可最高产卵800枚（数据来自世界自然保护联盟）。一个成熟的蚁巢可容纳多达24万只工蚁，典型蚁巢为8万只。如此庞大的队伍已经足够吓人，但是它们身上的武器才是战斗力的保证。红火蚁尾部带刺，动物被蜇伤后毒素（成分为生物碱）会进入体内，严重的情况下会致命。红火蚁军团虽然凶狠、剽悍，但由于它们生活在远离人类的南美洲雨林地区，长期以来并没有引起太多的关注。随着世界贸易的发展、人类对雨林的开发以及边检防疫上的疏失，这支蚂蚁大军有了可乘之机，渐渐走上"对外扩张"的道路。

　　红火蚁在20世纪30年代传入美国，并于2001年和2002年通过货柜及草皮从美国蔓延至澳大利亚、新西兰、中国台湾，继而蔓延至中国广东省内各城市及中国香港和澳门地区。蚂蚁大军的入侵引起了各国高度重视，一时间红火蚁成了各国通缉的要犯，世界自然保护联盟更是将其列为最具有破坏力的入侵生物之一。小小的蚂蚁为何让人类如此恐慌？

　　红火蚁给被入侵地带来严重的生态灾难，是生物多样性保护和农业生产的大敌。不仅如此，红火蚁还损坏基础设施，可危害供电设备、电信设备和堤坝等。红火蚁啃咬电线经常造成电线短路，甚至会引发小型火灾。截至2012年，在美国南方已有12个州共计超过1亿亩的土地被入侵的红火蚁所占据，对美国南部这些受侵害地区造成的经济损失每年达数十亿美元。

　　面对蚂蚁大军的威胁，人们痛定思痛，一方面开始反思自身的行为，另一方面加强对这种蚂蚁的研究。在科研探索中，科学家不由对红火蚁的行为感到震惊，这种蚂蚁竟然可以"逢山开路，遇水架桥"，利用身体的结构来组合度过前进中的一道道难关。

　　由于蚂蚁的活动能力较弱，往往一道沟谷、植物间的缝隙或者其他自然的阻碍，就足以阻挡它们前进的道路。对于它们而言，想要越过面前的鸿沟实属不易。不可思议的是，红火蚁有时会利用自己的身体搭建桥梁，以此来跨越路途上的阻碍。

　　更为神奇的是，遇到"风浪"的时候它们还可以修补用身体搭建的这座桥梁的漏洞，不断加固桥梁。研究者在野外发现，当风或水流摇动它的根基（树叶或茎）的时候，"蚁桥"摇晃，蚂蚁开始紧密排在一起，将自己和周围"邻居"之间的距离收缩得更加紧密，以此来缩短桥梁，让桥梁更加牢固。科学家对这个看似简单的补救方案充满了好奇。他们决定收集野生的红火蚁来验证蚁桥如何应对震动的情况。

　　科学家发现蚂蚁自然地聚集在一起，并且可以像拉口香糖一样形成一道桥梁。科学家将它们搭建的生物桥悬在两个漏斗的两端，然后对两个漏斗进行不同频率的摇晃，目的是看看蚂蚁如何应对而不使自己掉下来。他们观察到当两旁的漏斗以低于每秒20次的频率振动时，蚁桥一切如常，没有发生什么变化。随着振动的频率加快，期待中的场景出现了，更激烈的晃动引起了蚂蚁更积极的行动。为了确保蚁桥稳固，蚂蚁腿与腿之间的连接自发地变得紧密起来，它们之间的距离不断缩短。振动越剧烈，蚁桥就越短，也越牢固。红火蚁通过拉动它们的手臂（腿）来改变桥的特性，使得蚁桥可以支持更多的重量。

此外，在振动的过程中，他们还发现蚂蚁个体在蚁桥上乱窜，不断向桥的起点和终点聚集，以此来抑制振动。当蚁桥上有小孔或薄弱点出现时，附近的蚂蚁会将身体连接在一起来进行修补。整个过程完全自发形成，并没有看到有专门的蚂蚁进行领导和指挥，它们依靠什么来发现桥中的漏洞？这值得进一步探讨。

从某种意义上讲，蚂蚁就相当于一种非常有活力的建筑材料。传奇还在继续，表演才刚刚开始，大灾难面前才是它们生命的舞台。

作为热带雨林地区的原始居民，红火蚁要经常和周期性的大型洪水打交道，这要求它们随时准备离开。红火蚁的生存能力令人震惊，它能够承受洪水、火灾以及人类使用的杀虫剂的危害，还能用身体搭建桥梁越过自然的阻碍。不过，最令人震惊的时刻，还要等到洪水来临。每逢洪灾，成千上万的红火蚁紧紧地将身体连在一起形成一个筏子，在水中漂起，等水流把它们运到安全的地方，有时需要漂荡好几个月。为了解开其中的奥妙，科学家再次将红火蚁请进了实验室。

为了弄清楚这些"蚁筏"是如何工作的，研究者将两群红火蚁丢到水中。被倾入水中后，红火蚁迅速散开成薄饼状筏子，而后这些蚂蚁快速爬过对方，握住它们同胞的腿或爪，形成交织模式——类似于防水面料。研究者统计了单位尺寸的筏子上蚂蚁的数量，并且测量蚂蚁行走的速度，还将蚁筏冻结在液氮中，以此获取它们的结构。为了测量蚁筏是否牢固，他们需要测量蚂蚁间的握力。研究人员首先将一只活蚂蚁粘到载玻片的底部，然后用带弹性的小圈套住第二只蚂蚁的腰部，让两只蚂蚁慢慢接近，直到第一只蚂蚁用它的爪子抓住了悬空的第二只蚂蚁。研究人员通过拉动弹性腰带测试蚂蚁的握力。结果令人吃惊，整个蚁筏形成的抓力是如此强烈，相当于一个人在楼顶上将6头亚洲象提起所用的力。神奇的蚁筏产生了不可思议的力量！此时，想必会有很多人对蚂蚁的牺牲奉献精神由衷赞叹，认为下层的蚂蚁用生命来捍卫种群的存活。如果这么想，可就太低估它们了。

研究人员发现，水下的蚂蚁支撑着上面的蚂蚁，但是它们并没有被淹死，因为围绕着它们的身体和蚁筏里有许多被困住的气泡可以供蚂蚁呼吸。令人难以置信的是，在水下一定深度处，蚂蚁团捕获的空气泡要比同等数量的单个蚂蚁捕获的大得多。

有感于卑微蚁群的伟大力量，人类终于开始放下架子，向动物学习生存智慧。对于更好地了解蚂蚁如何形成生物结构来应对环境变化的挑战，这项研究是重要的一步。蚁桥的建设和修补是以一种完全自组的方式进行的，其构造规则给从事自组装机器人和自修复材料研究工作的人员带来了极大的灵感。蚁筏又给工程人员设计自组装船和防水材料提供了灵感。不过作为这项研究的直接影响，人们可能会因为红火蚁可以轻松浮动而更加胆寒！不过蚁群的行为准则也有弱点，它们是近亲繁殖，蚁群内遗传多样性比较低，没有足够的突变来应对环境的变化。尤其是当疾病到来时，对于蚁群而言无异于一场灭顶之灾。关系紧密的蚂蚁特别容易互相传播疾病，它们基因相近，一种疾病只要感染一只就能灭绝一群。不过，它们也不是完全束手无策。

很多时候，人类应该低下高贵的头颅，仔细审视，以平等的态度看待这些细微的生命。其实，它们并不像人类想的那样微不足道。反之，它们拥有强悍的生存能力，遍布地球的各个角落。和我们一样，它们也是地球上的居民。

蝙蝠：独一无二的黑夜幽灵

最后一丝夕阳褪去，黑夜开始笼罩神农架。白日里活跃的动物开始歇息，神农架进入夜晚模式。另一些动物纷纷登场，开启了它们的夜生活。蝙蝠就是一类特立独行的夜行性动物，它们是唯一会飞的哺乳动物。

蝙蝠属于翼手目，可以分为两个亚目——大蝙蝠亚目和小蝙蝠亚目，又被称为食果蝠和食虫蝠。正如它们的名字所示，前者体形较大，多以水果为食，如著名的狐蝠，翼展可达90厘米；后者体形远较前者为小，除了食虫外，还食肉和血，不过也有与大蝙蝠亚目食性相同的成员。蝙蝠科是小蝙蝠亚目下的一科，约有300多种。全世界共有900多种蝙蝠类动物（我国约有81种），它们是哺乳类中仅次于啮齿目的第二大类群。它们可以大体上分成大蝙蝠和小蝙蝠两大类：大蝙蝠类分布于东半球热带和亚热带地区，体形较大，身体结构也较原始，包括狐蝠科一科；小蝙蝠类分布于东、西半球的热带和温带地区，体型较小，身体结构更为特化，包括菊头蝠科、蹄蝠科、叶口蝠科、吸血蝠科、蝙蝠科等10余科。

灰蒙蒙的天空中，一群蝙蝠在飞舞着，沉寂了一天，晚上它们开始觅食以补充能量。在地球上的所有动物中，蝙蝠是进化得非常成功的一大类群。它们的足迹几乎遍布地球各地，可以在地球上最偏远的地方生存。蝙蝠成功的法宝依赖于它们复杂的身体构造、超强的感官和别具一格的捕猎方式，以及复杂的生理机能。

早在6 000万年前，蝙蝠飞上天空，它们是唯一会飞的哺乳动物。不过，蝙蝠和鸟类的飞行机制不同。蝙蝠没有翅膀，它们进化出了翼手，原来的拇指进化成了爪子，其余四指变长。在空中飞行，丝毫多余的重量都是沉痛的负担。鸟类为此进化出中空的骨头和轻便的飞羽。而蝙蝠没有这些，它们有自己独特的飞行机制。蝙蝠拥有超薄的皮膜，如同纸一般，以最大限度地减少飞行时的重量。不过，超薄的皮膜也带来另一个问题：它容易磨损，很容

普通蝙蝠

易裂开。蝙蝠为此进化出特殊的修复机制：蝙蝠皮膜的修复速度是人类皮肤修复速度的10倍。皮膜上面有毛发，不过我们用肉眼无法看到。它们的直径只有0.1毫米，相当于人的头发的1/12。毛发上有丰富的感觉细胞，可以检测气流运动方向，向蝙蝠的大脑提供信息：何时可以加速，何时减速，以及湍流情况。这些毛发为蝙蝠驰骋天空提供保障。

蝙蝠的皮膜短而宽，给它们提供了极大的空中灵活性。蝙蝠在翼展1/2的距离，就可以旋转180度。又短又宽的翼展赐予蝙蝠在狭窄空间捕猎的能力。它们可以在空中捕捉昆虫，在狭小的空间内飞行转身，躲避天敌。

我们知道鸟类的视觉极为敏锐。蝙蝠用超声波来判断前方是否有障碍物，以此改变飞行途径。从前很多人说蝙蝠视力差，其实是一个天大的误区。已经有不少科学家指出，蝙蝠的视力并不差，不同种类的蝙蝠视力各有不同。蝙蝠使用超声波，与它们的视力没有必然联系。我们完全不用担心，因为蝙蝠不靠视觉导航，它们体内有独特的导航系统。科学家发现蝙蝠的大脑含有氧化铁，这是一种内置的指南针，可以灵敏而准确地感受到地球磁场，进而巧妙地利用地球磁场进行导航。

飞行在给蝙蝠带来方便的同时，也给它带来沉重的新陈代谢负担。蝙蝠在空中飞行所消耗的能量是同等大小哺乳动物奔跑的两倍。为了在空中悬停，它们每秒振翅达12次，心率达到800次/分。蝙蝠飞一个小时几乎要消耗身体全部能量的10%。为了维持高额的能量消耗，它们必须具备快速捕猎以获得能量的能力。

这时，蝙蝠令人惊叹的感官就能发挥作用了。我在欣赏空中蝙蝠的飞舞，它们却无法看见我这只两脚兽。不过，它们可以感受到我的存在。蝙蝠进化出一套独特的回声定位系统。在空中飞行的时候，它们不断发出振动，这些声音我们人类无法感知。蝙蝠遇到猎物或其他物体时，会接收到声音的反射。蝙蝠就是依靠回声进行定位，鉴别和锁定猎物的。这也是一件极其消耗能量的事情。为了更好地节能，蝙蝠进化出一种完美的解决机制。蝙蝠飞行的时候，用同样的肌肉拍翅膀和控制肺部。翅膀往下时吸气，翅膀往上时开始呼气，在呼气的同时发出声音脉冲。控制这一系统的竟然是同一块肌肉，可谓一举三得，类似超级涡轮增压，绝不浪费丝毫能量。一只蝙蝠在空中可以吃掉相当于自身体重1/3的昆虫。

不过，猎手与捕猎者始终处于军备竞赛中。所谓"道高一尺，魔高一丈"，这是一场残酷的淘汰赛，输赢的代价关乎彼此的存亡。蝙蝠的回声定位系统开始被一些昆虫破解。在这场军备竞赛中，有一种蛾子可以察觉蝙蝠发出的声波脉冲，一旦发现会采取紧急规避，一动不动。考验双方耐心的时刻到了。长耳蝠无法通过回声定位到猎物的位置，为了避免打草惊蛇，它们在接近猎物的时候关闭这套系统，转而利用敏锐的感官系统确定目标位置。长耳蝠有一对超级灵敏的大耳朵，可以感知蛾子发出的任何动作。

蝙蝠种类繁多，食性多样，它们能通过嗅觉定位。它们中有食果实的，有吃昆虫的，有捕鱼的。食果蝙蝠有特定的嗅觉基因。吸血蝙蝠丢失了甜的感觉，吃虫子和果实的蝙蝠则保留甜味基因。神奇的是，所有蝙蝠都丢失了对鲜味的嗅觉基因。即便是吸血蝙蝠，也没有感知鲜味的基因。

吸血蝙蝠是一种令人闻风丧胆的超级猎手。吸血蝙蝠只在晚上外出，它们是极少数可以在地上爬行的蝙蝠，捕猎时悄悄接近猎物，靠吸食哺乳动物（如猪，马，牛羊等）的新鲜血液为生。它们鼻上的热感应器可以感觉到血管最丰富的位置，和人的舌头相似。它们一次最多可以吸血25毫升，持续30分钟。吸血蝙蝠的唾液含有抗凝血剂，可以保证吸血时不凝固。很多时候吸血蝙蝠的吸血量可以达到自己的体重，它们喝饱血之后无法飞行。不过不用担心，它们的肾脏极为发达，能够高效排除；在吸血后的几分钟就可以排泄，以减轻体重后飞回去。吸血蝙蝠吃饱后必须以最快路线回家，否则吃的

吸血蝙蝠

还不够路上消耗的。

　　可是，吸血蝙蝠不能保证每一次出击都有所收获，有些时候它们也会空腹而归。对于那些吸不到血的蝙蝠而言，它们的处境非常危险。连续几天得不到食物补给，就可能被活活饿死。这个时候就体现出吸血蝙蝠的团队奉献精神了。当晚吸不上血的蝙蝠可以向吸上血的同伴讨血，以渡过难关。当然，这并不是无偿的。等到同伴有需要的时候，它们也要偿还。就这样，吸血蝙蝠通过相互扶持，共渡难关，大大提高了群体的适合度。

　　蝙蝠同舟共济的例子比比皆是。生活在加拿大地区的棕蝙蝠在冬季的时候会相互拥抱取暖，这样可以局部升温10摄氏度。在寒冷的季节里，蝙蝠会选择蛰伏。加拿大棕蝙蝠为保存能量，会关闭向躯体四周供血的通道，心率只保持在每分钟10次，呼吸一次可以活90分钟。待到春暖花开，它们肩膀上特殊的脂肪会温暖血液，在短短几分钟内向四肢供血，于是蝙蝠又恢复了往日的活力。

　　短鼻果蝠是广东及东南亚地区常见的蝙蝠种类之一，喜欢在蒲葵叶片下方筑巢。2007年，张礼标及其研究团队在观察果蝠的筑巢行为时，意外观察到它们交配中的口交现象。根据以往的研究，口交行为出现在灵长类哺乳动物中，张礼标团队首次发现短鼻果蝠中有这种行为。那么，这种行为背后究竟有何意义呢？

通过实验观察，张礼标团队选择了雌雄成年果蝠各30只，将其安置在模拟自然环境的笼子内，并用红外摄像进行"偷拍"。结果发现：70%的雌性短鼻果蝠都会做出这种性行为，这种行为延长了交合时间，并使雌性额外获得平均6秒的交配时间。有口交行为的蝙蝠平均交配时间为4分钟，是没有这类行为蝙蝠交配时长的两倍。张礼标推测雌性短鼻果蝠的此类性行为可以减轻精子传输的困难，增加受精成功率，或是占有雄性，使它远离其他雌性。

每一个物种类群都是地球独一无二的存在，站在地球的角度，从生命的起源和进化来看，人类并没有特别之处。人类改变其他动物的同时，动物也在影响着人类。这是一个动态的过程。

第 **7** 章 **白河**

人类与鸟的千年恩怨

2017年11月23日，我来到四川省九寨沟县的白河国家级自然保护区，这里自1963年建立保护区后，一直没有大规模商业砍伐，植被比较完整。上山第二天我就找到了一群川金丝猴，下雪之后它们迁徙到了海拔相对较低的地方。和之前遇到的情况类似，它们发现我之后，立即隐遁，消失在茫茫林海。只有旁边树上的松鸦站着叫个不停，很显然它不欢迎我们这些进入林子里的两脚兽，或者是给同伴报警，提示"有危险的动物进入林区"。

下山的路上，一只红腹锦鸡隐藏在路边的灌丛里，我刚要接近，它"嗖"的一下飞走了；天空中的雀鹰刚刚捕抓到一只老鼠，正准备享用，遇上了我们，竟然连辛苦捕抓的食物都遗弃了；连香树上，我们的老朋友"雪山飞狐"不在家，地下散落着它的食物痕迹；只有灰林鸮比较友好，不嫌弃我们，晚上竟然待在保护站的屋顶里，扑腾着追逐老鼠。

松鸦的警报

11月24日，我和小郭租车前往下坪地保护站。保护站位于峡谷处，坐北朝南，东面是一条从山上流下的小河，西面是陡峭的岩壁。这里的山体风化严重，九寨沟地震的时候曾经有大片碎石落下。对面山上有个洞，让我好奇的是洞口有一堆石头整齐排列。后来得知，这是当地的老百姓躲避土匪的藏身之地。他们把土匪称为"棒老二"。

下雪后，河道两旁的灌木成了鸟儿的粮仓，这里的胡颓子（羊奶子）、沙棘的果实是鸟儿越冬的食粮。突然几声沙哑的叫声划破了清晨的天空，它从东面飞来，落在核桃树上。我隔着树枝看清它的身影：沙黄色的外衣，蓝色的翅膀。原来是松鸦，它躲在家核桃树上。树早已落叶，光秃秃的，松鸦就隐藏在稀疏的树枝间。松鸦和人们对传统乌鸦的印象有些不同。常言道，"天下乌鸦一般黑"，可是松鸦并不是黑色的，而是沙黄色的。这种鸦科的鸟类非常小心谨慎，它们很少会站在显眼的位置，总是把自己藏起来。松鸦一般生活在海拔2 200米以上的针叶林中，可能是前几日下雪，山上的食物被掩盖，它们才跑到海拔1 800米处的河谷觅食。

我以前也多次在针叶林中遇见松鸦，都是这副样子。它们躲在茂密的针叶林里，只闻其声，不见其鸟。它们总喜欢将自己藏起来，一副做贼心虚的样子，旁边还有一只应该是它的妻子或者丈夫。松鸦是一夫一妻制，会长期生活在一起。它们"呜呜嘎嘎"地进行着交流，这些声音只有它们自己听得懂。对于我而言，这就是一门外语。我不知道它们在说什么。松鸦的叫声并不婉转，它们不像其他鸣禽一样"情歌互答"。松鸦的语言很少变化，就那

几个调子，用来传递生活中实用的信息，比如：发现天敌，找到食物，呼唤同伴等。我不知道这只松鸦在向它的同伴传递什么？它显然没有找到食物，最有可能的一种情况是：它们发现地面有两只两脚兽正在鬼鬼祟祟地看着它们。

　　头顶的松鸦并没有去觅食，也没有同伴赶来。在森林中，真正能称得上松鸦天敌的也就是苍鹰之类。我看着松鸦的时候，它也在注视着我。我恍然大悟，原来它的天敌就是我。如果我们换个位置进行思考就很容易明白：这里是人家的地盘，我这只两脚兽闯进来，它自然会发出异常的声音。如果一只麻雀飞来，它可能无动于衷。但是一只比它大几百倍的生物出现了，它自然会感觉到不安全，顺理成章地将这种信息传递给同伴。

　　后来，它发现我这只两脚兽并没有别的企图，仅仅是路过而已，也就没有后续的动作了。鸟儿虽然不能像人类一样思考，但是在最基本的生理需求面前，比如对于安全、食物的需求，它们与人类并无差异。

　　松鸦会存储食物，冬季来临前，它们把松子埋在地下，待到冬日下了大雪，它们便将松子用嘴啄出来。你可以看到松鸦们从一处森林飞到另一处森林。当你惊叹松鸦未雨绸缪时，是否也像我一样好奇它们惊人的记忆能力？其实这么想就错啦。

就算我们人类把食物埋藏起来，过一段时间也不一定找得出来。茫茫林海中，松鸦如何寻找呢？其实松鸦不能准确地找到自己埋藏的食物，很多时候只是四处寻找而已，它们找到的食物中有很多不是自己埋藏的。秋季的时候松鸦都在埋藏食物，森林中随处可见它们的存食地点。因此到了冬季，只要找到埋藏的食物就是胜利，不用计较是不是自己埋藏的。你可以吃到别的松鸦埋藏的食物，同理，别的松鸦也可以吃到你埋藏的食物。

从某种意义上看，松鸦的做法很像我们人类的游牧民族。我之前在新疆进行野外考察的时候，经常住进牧民的帐篷里。山里牧民非常分散，往往方圆几十千米看不到一户人家。我发现牧民的小屋从来不锁门。当地人告诉我，这样方便其他人路过时过夜或寻找食物。大家互相帮助，度过游牧生活。

看来互相帮助、未雨绸缪也并非人类的专利，动物早在人类出现之前就已经深谙此道。

红腹锦鸡：凤凰的原型

11月25日，我、小郭和向导唐师傅一行三人进山寻猴。我们从太平庄村三组后绕道而上。路上的灌丛中，橙翅膀噪鹛有些聒噪了。它们是这里的优势种，随处可见。它们通过鸣声互相传递信息，不可为外人道。当然，用声音传递信息的同时也会暴露自己的位置。我就是循着它们的声音拍到其真身的。

山路蜿蜒盘旋，早上地面被冻实之后反而比较好走。与其说是路，不如说是被雨水冲刷成的一道沟，和战壕非常像。太阳出来后，路段被明显分割。向阳的路段冰雪融化，泥泞难走；而向阴的路段质地坚硬，利于通行。

小路一旁有一块开阔的灌丛。唐师傅走在前面，一招手示意我们安静，似乎有所发现。我悄悄地走在前面，俯下身子，但是并没有发现什么，安静的小路上空无一物。我小心翼翼地往前走了几步，只顾环视前方，不料右侧一只鸟突然飞起，有些笨拙，距我不足一米。它立即飞出五六米的距离，落在灌丛中。

虽然惊鸿一瞥，我已认出此鸟，这是红腹锦鸡的雌鸟。红腹锦鸡是中国特有的鸟类，体型不算小，雄鸟长得异常华丽，一副盛装打扮过的模样。锦鸡体态优雅，步履轻盈，雄鸡体长约一米，身披赤、橙、黄、绿、青、蓝、紫七色羽毛，光彩夺目。红腹锦鸡起源于秦岭以南地区，也就是"凤鸣岐山，兴周八百年"的地方。周人把岐山和秦岭山野中最美丽的鸟类——锦鸡当成了凤凰来歌颂，后世的人们逐渐神化这种鸟类，于是锦鸡披上了一层神秘的面纱，放大了就是凤凰，还原了就是锦鸡。今天的秦岭西部群山中有"凤县"之名。在陕南的古戏楼上，人们用木刻展现锦鸡的形象，把心中的凤凰和现实中的锦鸡进行了完美的嫁接。

红腹锦鸡是陆禽，飞行能力弱化，奔跑是其强项。我对刚才红腹锦鸡的策略表示好奇，为何我走到跟前它才突然起飞？

从红腹锦鸡笨拙的飞行姿势或许可以看出端倪，它对自己的飞行能力不是很有信心。它不像其他鸟儿那样可以灵活地飞向高处或远处，以躲避天敌。它们赖以生存的技能是躲藏。雌鸡身体灰暗，不容易和灌丛下的黑色环境区分，身上天然的保护色可以使其逢凶化吉。一般面对天敌时，它们善于玩"捉迷藏"，先找个地方躲起来，等天敌靠近的时候再离开。就如同这次偶遇，其实它早就发现了我们，而后躲在路边的灌丛里。如果它不出来，我是无法发现它的。

可是，眼前的红腹锦鸡无法确定自己是否被发现。如果继续躲避，可以节省体力。但是，我靠得越近，它被擒的概率越大；当它飞走的时候，又会暴露自己的位置。所以只有等到我足够近的时候，它才不得已飞起。这是一场心智的考验，临界点就在于它保持了一个安全的距离，即便被发现也可以逃脱。针对不同的天敌，临界点也不同。对于我这只两脚兽而言，仅仅是保持一米的距离，就足以让它有足够的时间逃生。

血雉
向定乾　摄

告别红腹锦鸡，没走多久，路边出现三只血雉，非常漂亮。我曾经在寻找滇金丝猴的时候碰到过，算是相熟了。血雉最神奇的地方在于它们的孵化策略。血雉的孵化时间比其他鸟儿都要长。野外血雉的孵化期长达37天，这在鸟类中是极不寻常的。血雉生活在3 000多米的高海拔地区，在长期的进化过程中，血雉的卵具备了更强的御寒能力，可以经受更大幅度的温度变化。

可是，这也要付出一定的代价，那就是血雉的孵化期比一般鸟类的孵化期更长。

　　一路上见到两种雉鸡，不是"鸡缘"好，还是得益于前几日下的雪。雪后它们为了寻找食物，不得已迁到海拔较低的地方，才有了我们的相遇。与野鸡只是偶遇，找猴才是此行的目的。随着海拔到了2 300米，大部分积雪都保持着三天前的样子，只有一些小动物留下的脚印。在雪地上辨认动物的足迹是非常有趣的。这边的"鸡爪子"就是刚才的红腹锦鸡留下的，从脚印可以清楚地看到它的行走路线。前面有一处脚印是猪獾的，它也来了。还有一处脚印，如同婴儿的脚印，脚趾很明显，不用说这是我们的近亲灵长类的足迹。根据这里的动物种类可以判断，最有可能是川金丝猴的脚印。

　　我们走到了一个叫大坑的地方，这里是一片针叶阔叶混交林。山顶处是华山松，辽东栎的叶子呈琴状，漆树的叶子有五个角，三亚乌药的叶子有三个角。这里是树叶的荟萃，不同的叶子落在一起，生前以树的形态独立，死后交织在一起，若干天后化成肥料，就再也分不开你和我。我们听到前方树

川金丝猴

枝折断的"咔咔"声。这很有可能是川金丝猴觅食时折断树枝发出的声音。循着声音，我们踏着积雪往前走了几十米。唐叔突然弯下身子，我知道他发现了目标。我跟在唐叔后面，身体半蹲。果然是川金丝猴！中午阳光从南面洒向树林，川金丝猴的毛发反射阳光，金闪闪的，十分壮观。这是一个小家庭，它们在觅食。我们第一次相遇时距离不足50米，但只过了短短的几秒，树上的猴子发现了我，它们立即撤离。树上的猴子在树上转移，树下的猴子开始上树。它们是一个个高超的杂技演员，有的猴子双手抓住树枝，荡个秋千就到了另一根树枝上。有的猴儿如过云梯，一只手挂在树枝上，往前移动。还有的猴儿直接后腿一蹬，纵身一跃，从一棵树上跳到另一棵树上。猴儿灵敏地站立着，留下树枝在那里摇晃。有的树枝不堪重负，咔嚓一声折断了。可是，猴子的动作太快，在树枝折断的瞬间，它已经跳到了另一根树枝上了。当然，也有些猴儿比较笨重，从树上摔了下来，可是人家立即站了起来，好像没事一样。

　　我们不想打扰猴子，如果有足够的距离，彼此相安无事就好。我的愿望

在前面实现了。山顶处是华山松、冷杉、铁杉、三尖杉组成的针叶林，那里披上了白色的外衣，和雪没有融合。仅仅往下几十米，同样是针叶林，积雪却已经融化。针叶林里夹杂的阔叶树，叶子早已落光，留下空荡荡的树枝和树干。这里的阔叶树种类繁多，有山杨、柳树、樱桃、漆树、白桦、高山木姜子、华西枫杨等。

此处看到的应该仅仅是猴群中的一个小家庭，它们的大部队应该还在后面。我们放慢脚步，放轻步伐，到了一个拐角处，小路向左折近90度，山体凹了进去。三只雌猴正在小路边上晒太阳。由于突然转弯，无法提前探知对方，我们的偶遇让彼此惊慌失措。我们突然遇见猴，一时间不知所措。那些猴子的反应比我们还激烈，它们一下子从地面跳到树上——对它们来说树上才是安全的，紧接着从树上转移。短短几十秒的时间里，它们就完成了这次转移。

猴群离开之后，我才大胆地站起身子，查看周围的环境。小路凹进去的

地方是地震形成的滑坡，几乎垂直。这里是一处山谷，山梁自西向东。现在是正午，太阳正好可以照进这个山谷里。猴群没有离开，它们转移到对面山坡上了。那里距离我们200多米，它们之前就发现了我们，现在正在山坡上的桦树上活动自如。看来，我们之间的距离足够安全，它们不为所动。这也是我希望看到的局面，我希望能在最自然的情况下观察它们的活动，不想我们的到来造成它们的不安。

看来人与动物的相处，只有距离才能产生美。

鹰雕眼中的世界

11月26日下着小雪，我们继续上山，整个林子都湿漉漉的，地面特别滑，石头上长满了地衣和苔藓。下面就是河道，一不留神就可能滑下去。岩壁曲折，视线不是那么开阔。

雪停后正是动物活跃的时刻，林中的鸟儿出来了，麂子、野猪也在河边觅食。突然，我的眼前一亮，胡颓子树上有三只猫一样的小动物。我立即俯下身子，观察对面的情况。它们皮毛黄黑，小尖嘴，长尾巴。这是黄喉貂，因喉部黄色的毛发而得名。三只黄喉貂在胡颓子树上

黄喉貂

取食果实。胡颓子是一种灌木，俗称羊奶子树，果实红红的，富含淀粉和维生素。我在路上行走的时候，也会摘下来尝尝鲜，胡颓子果特别酸，有点儿像超小号的葡萄。

黄喉貂属于鼬科，和家喻户晓的黄鼠狼属于同科。我印象中黄喉貂都是吃肉的，如果不是今天亲眼所见，不敢相信它会取食果实。很多时候，我们对动物的看法先入为主，或者以偏概全。这三只黄喉貂身手极为敏捷，它们在树上上蹿下跳，在树枝间行走自如，展示着超强的身体协调能力。

我和黄喉貂相隔约20米。我不清楚它是否已经发现了我。开始的三分钟里，它们依旧自由地觅食，我的存在没有给它们带来影响。后来，它们纷纷下树，走进了灌丛。我不确定它们是不是发现了我而选择回避。它们离开的时候非常从容，没有像其他动物那样惊慌失措。在黄喉貂的眼中，我们之间的距离足够安全，它没有必要逃跑。况且，它们没有发现我有靠近的倾向。

就在黄喉貂所在的胡颓子树旁，一只猛禽立在一棵领春木的枯枝上。它的爪子抓着树枝，体型比苍鹰大得多，身材修长。这是鹰雕，一种中大型猛禽。我不由得替刚才的黄喉貂担心，它们就在鹰雕的眼皮子底下。如果换成是金雕，黄喉貂可能就一命呜呼了。

和鹰类相比，人的视力简直弱爆了。人类的眼睛占头部的重量不足2%，而鹰类可达10%。它的眼睛如同一台变焦相机，可以将观察的物体瞬间放大40%。

眼前的这只鹰雕有没有发现我呢？

这个问题显得有些幼稚。它可以在高空中发现1 600米以外的一只兔子，更何况是我这只庞大的两脚兽。眼睛的敏锐程度取决于视网膜上的神经细胞密度，猛禽视网膜上的神经细胞是人类的3倍还多，而有些猛禽视网膜上的视觉神经细胞密度比人类高10倍以上。此外，猛禽的眼睛长在头部两侧，使得它们拥有更开阔的视野，可以达到270度。眼前这只鹰雕正密切注视前方，它们双眼的视野如同双筒望远镜，可以重合，也可以分开成像。当它们注视身体两侧的时候，可以看清身体后面和头顶的物体，这是人类所不具备的能力。当然，这样一来有个小的瑕疵：过于开阔的视野不利于判断物体的方位。

我慢慢地靠近鹰雕所在的位置，它开始转了下头，用单侧眼睛看着我。对我们人类来说，斜眼看人是不尊重的；在鸟类中，这是对你极大的尊敬，表明它开始关注你了。鸟侧脸看你的时候，才是它的视力最清晰的时候，因为鸟类最敏锐的视觉在侧面。视觉最敏锐的地方位于视网膜的中心凹陷区，人类的一只眼

鹰雕转头用单侧眼睛看着作者

睛中只有一个中心凹陷区，而猛禽的一只眼睛却有两个中心凹陷区。多出来的中心凹陷区能起到什么作用呢？当我们集中注意力看前方物体的时候，视野中央清晰，侧面模糊。猛禽视网膜上有两个中心凹陷区，使得它们在看前面的同时也能够看清侧面。

　　猛禽眼中的世界显然与人眼中的世界不同，它们的视野比人类的更加开阔、更加清晰。如果在野外，它们一定能先于人类发现对方。敏锐的视觉是猛禽赖以生存的法宝，加上它们高超的飞行技巧和锋利的爪子，使得猛禽成为名副其实的捕猎高手。很多猛禽都具备捕猎大自己3倍以上猎物的能力，一只体重6~7千克的金雕可以捕杀体重30~40千克的鹅喉羚。

　　可是，在与猛禽长期打交道的过程中，人类充分意识到猛禽具有强大的捕猎能力，并且将其捕获，为自己效力。鹰猎，即驯养猛禽进行捕猎。早在4000年前，少数民族（维吾尔族、哈萨克族、柯尔克孜族等）就有养鹰、驯鹰的习惯，远古文化遗存的岩画或图腾之中也存在先祖们进行驯鹰和狩猎活动的相关记录。随着时代的变迁，鹰猎渐渐淡出人们的视野。近年来，由于民族、区域、文化等因素，鹰猎文化得到世人的广泛关注。如今，很多媒体依旧把鹰猎当成一种传统的文化技艺，进行正面报道。中国所有的猛禽都是国家二级或二级以上保护动物，养鹰、驯鹰却得到"法外开恩"，有些地方甚至成为"鹰猎之乡"，驯鹰者还享有国家补助。由于猛禽很难进行人工繁殖，几乎所有猎鹰均来自野外，这种文化的复苏势必给猛禽保护带来严重的挑战。在鹰雕眼中，人类的这些行为构成了一个怎样的世界？这值得我们深思。

屋顶的灰林鸮

　　晚上，我们回到保护站，插上电炉子烤一会儿，让屋子内的空气加热下，而后躲进被窝。我刚躺下，天花板上发出"扑通"的响声。我突然想起，白天唐叔说屋顶上住着一只灰林鸮。灰林鸮是一种中等身型的猫头鹰，在欧亚大陆的林地普遍分布。它们的下身呈淡色，有深色的条纹；上身呈褐色或灰色，已知11个亚种中有几种不同的色型。它们一般会在树洞中筑巢，不迁徙。

平常时段，灰林鸮在树洞里过夜，冬季天寒地冻，保护站的房子比树洞暖和多了，可以遮挡风寒。此外，森林中天然的树洞并不好找。尤其是一些枯倒木被人类砍伐之后，它们赖以过夜的树洞就更少了。灰林鸮每年冬天就住在保护站的屋顶里过冬，来年春天飞走，在这里持续生活三年多了。

当然，灰林鸮来到这里也不完全是为了避寒。保护站里食物充足，也是鼠类的乐园。鼠类探察食物时非常灵敏，它们和人类可谓冤家路窄。人类恨不得老鼠有多远滚多远，可是老鼠偏偏喜欢和人类在一起。人类千方百计赶走老鼠，老鼠却绞尽脑汁在人类的眼皮底下安居乐业。这是一场没有胜负的战争。在很多地方人类取得了胜利，可是在乡村老鼠获得了胜利。

保护站老鼠很多，我几次在白天见到它们。更多的时候是晚上，能听到它们翻腾东西寻找食物的"沙沙"声。人类的存在给老鼠带来了食物，老鼠的繁衍也为灰林鸮提供了机会。大自然就是这么神奇，环环相扣。在这种程度上，人类和灰林鸮形成盟友，共同的敌人就是老鼠。人类的住房为灰林鸮提供庇护所。作为回报，灰林鸮捕捉屋里的老鼠作为房租。多么美妙的合作！

灰林鸮是捕鼠能手，它们会从高处俯冲下来捉住猎物，并将之整个吞下。它们夜间以视觉及听觉来捕捉猎物。一般而言，鸟类视觉敏锐，远超人类，可是猫头鹰是一个例外。人类的视觉敏锐度数值在30~60；猫头鹰（鸮形目鸟类的统称）的视觉敏锐度普遍在5~10，是鸟类中视觉最差的。鸮形目鸟类的双眼重合视野大于50度，盲区大于160度。不过，它们的头部可以旋转270度来弥补视野范围的狭窄。既然猫头鹰的视力不如人类，它们在夜晚的视力为什么那么好呢？这涉及感光度的问题。人和鸟的眼睛中都有光感受器——视杆细胞和视锥细胞，其中视杆细胞感知光线，视锥细胞感知颜色。

猫头鹰的眼睛内视杆细胞密度很大，可以感知非常弱的光线。它对光线的敏感度是人类的35~100倍，也就是说，在光线非常暗的情况下，人完全看不清目标时，猫头鹰仍然可以看见。

灰林鸮飞行时几乎不会发出声音。这是因为许多夜行性鸮类的羽毛都有特定结构，在飞行时具备降噪功能。鸮类的飞羽具有梳齿状的前缘，飞羽表面还具有绒毛状结构。前缘的梳齿形态，有利于稳定飞行时经过翅膀表面的空气流动，从而减少噪声。飞羽后缘的"刘海"状毛边结构，有助于使相邻的飞羽在飞行运动中较为紧密地联结在一起，避免空气流动的间断，从而减少边界层产生的噪声。而飞羽表面的绒毛状结构可以形成多孔结构，具有良好的吸声功能。总之，夜行性鸮类已经演化出静音飞行的高超本领，既有利于发挥自身敏锐的听力，在黑夜里发现与定位猎物，也可以保证悄无声息地接近和突袭它们。除了老鼠外，灰林鸮还能够捕捉较小的猫头鹰。正所谓一物降一物，灰林鸮并非食物链顶端的杀手。年轻的灰林鸮有可能反被雕鸮、苍鹰或狐狸等猎杀。

猫头鹰捕鼠，可谓为人类立下汗马功劳。然而，在很多地方猫头鹰被视为一种不吉祥的鸟儿。我们家乡流传这样一个说法：猫头鹰一叫就会死人。中国人历来忌讳死亡，而猫头鹰的谣言越传越广。人们不允许它住在家中，很多地方甚至对其进行猎杀。

别说猫头鹰，人类又何尝不是如此，正所谓："狡兔死，走狗烹，飞鸟尽，良弓藏。"古往今来，有功者含冤而死的数不胜数。

雀鹰的早餐

11月27日早晨，我们一行三人到山上回收气象数据。刚一出站，猝不及

雀鹰
王志芳摄

防，一只猛禽从我们眼皮子底下飞过。它从路一侧飞到另一侧的灌丛中。它飞得很慢也很低，距离地面也就4~5米的样子，而后就在路边落下。

这是一只雀鹰。雀鹰是一种小型猛禽，体长35厘米左右。雀鹰的雌雄差异比较明显，从羽色上就可以辨别：成年雄鸟上体灰色，脸颊棕红色，胸腹有棕红色或褐色的横纹；成年雌鸟一般有白色眉纹，脸颊灰白色，胸腹有细密的深色横纹。和绝大多数猛禽一样，雀鹰的雌鸟比雄鸟略大，捕猎能力也更强。这是它们适应生存环境的策略。体重差异造成捕猎对象的细微差异，使它们可以错开食物，更好地生存。另外，雌性体重偏大对抚养后代大有裨益。雀鹰是中国分布最广泛的猛禽之一，它们在东北和西北地区繁殖。

刚才见到的那只雀鹰应该是从北方迁徙来此地越冬的个体。雀鹰大部分在中国的东部和南部地区越冬，也有部分个体会南迁到东南亚或南亚越冬。雀鹰的适应能力很强，它们不仅可以在森林中生存，在城市公园和乡村也都可以见到它们活跃的身影。我在新疆天山考察的时候，曾经见到过一次雀鹰的巢。它们把巢建在一棵大树的洞里。雀鹰的巢比较简单，是用细枝搭建的编织巢。雀鹰每年都会重新筑巢，巢址一般都离上一年的巢不远。它们有时也会利用其他鸟类的旧巢，在旧巢的基础上翻新。

眼前的雀鹰飞得很慢，它的爪子里是捕获的猎物———一只老鼠。看到它仓皇的姿态，我可以推断出刚才发生的事情。本来它在路边捕获老鼠后正准备进餐，可是我们的经过打扰了它。雀鹰还没来得及咽下猎物，就被我们这些不速之客打扰了，只好将猎物转移。和多数人的印象不同，猛禽可以抓住比自己大的猎物，但是它们的携带能力很弱。一只猛禽在空中很难携带超过自身一半体重的猎物。雀鹰主要以小型鸟类和鼠类为食，常站在林间高处树枝上观察四周情况，也会在高空中盘旋寻找猎物。

雀鹰生活在森林中，林中树木茂密，在这种环境中生存，它必须具备高度的灵活机动性。因而，雀鹰两翼较窄，翼展较小，这样带来的好处是更加灵活。很多人都认为猛禽的捕猎能力很强，几乎看见猎物就可以捕杀。其实不然，猛禽家族的捕猎成功率并不高。

研究猛禽的人都有这样的印象：见鸟容易见巢难。记得2015年有篇新闻报道《掏16只鸟判10年半到底冤不冤》：一名大学生掏了16只雀鹰的幼崽，被判刑。有很多不明真相的"吃瓜群众"为他鸣冤叫屈。且听我细说其中的原委。雀鹰一般每窝产4~5枚卵，并不一定都能顺利孵化。我们的大学生掏了16只，至少是破坏了4个家庭。在中国，雀鹰是国家二级保护动物。《刑法》第341条第1款明确规定：非法猎捕、杀害国家重点保护的珍贵、濒危野生动物的，或者非法收购、运输、出售国家重点保护的珍贵、濒危野生动物及其制品的，处五年以下有期徒刑或者拘役，并处罚金；情节严重的，处5年以上10年以下有期徒刑，并处罚金；情节特别严重的，处10年以上有期徒刑，并处罚金或者没收财产。此外，在野外寻找巢是一件非常困难的事情。猛禽家域大，要找到这4个雀鹰的巢，他得翻遍整个森林。想想你在森林中遇见4个巢的概率有多大吧。最有可能的情况是，他是一个老手。之后，网友们发现了他朋友圈晒出的他曾经抓获的野生动物，也证明了我的判断。

第 8 章　　**汶川草坡**
假如世界没有蜜蜂

2017 年 11 月 28 日，我来到汶川，这里有一个草坡自然保护区。进保护区的路上，到处可以看到山体滑坡、泥石流的痕迹。有一处牌子赫然写着：原国道 213 线遗址。这条公路毁于汶川地震。我在姜维城下发现了一只被遗弃的蜂后，它形单影只，匍匐在千年古城的断壁残垣里，周围一片静寂，只有风吹树叶在声声作响。在自然界中，蜜蜂是一类了不起的昆虫，它们具备极其完善的社会组织，对于自然界花粉的传播发挥着不可替代的作用。另外，蜜蜂还是一位数学天才，懂得零的概念，这在动物界极为少见。

被遗弃的蜂后：沧海桑田一隅间

11月28日一早，我来到汶川的姜维城。据记载，蜀国大将姜维为了防止川西叛乱，在今汶川县境内屯兵筑城，后来明朝又在此修筑城墙。城墙遗址位于城中土山上，岷江从前面流过。我沿着步道爬上去，到了上梁有一处开阔的平地，荒草丛生的土地上有一处土丘。走近仔细查看，是土石构筑的墙，墙壁已经倒塌，堆成了一个土丘。四周空寂荒芜，附近农户的一只狗儿躺在土丘上晒太阳。土丘位于山梁上，下面是一个大坡，站在上面可以俯瞰汶川县城。从土丘往上，另一处平台破壁残垣，其上立有石碑——点将台。这里便是古代城墙的遗址。苍凉的土地，残乱的土丘，很难想象这里曾经是屯兵的城楼。遥想当年，姜维风华正茂，年少万兜鍪，在此屯兵点将，何等威风！然而，蜀汉气数已尽，大厦将倾，非其独木可支。先人已去，独留这残破的土丘，令人感慨唏嘘。

土丘已然荒凉，枯草丛中有一个黑色的身影在颤抖。我俯下身子仔细查看，是一只胡蜂的蜂后，它微弱的身子紧紧抓住枯黄的草叶。我不知道蜂后为何独自在此。或许它的巢遭到外界破坏，它的卫士纷纷离开；或许它已经年老体衰，被新的蜂后取代。我无法与之交流，不知道它何故到此。除了眼前的土丘，附近1 000米内没有它的巢穴。它可能从家里出来后流落此处。蜂后抓住枯黄的枝叶，拖着沉重的腹部，移动非常不便。这里没有食物，没有家庭成员的护卫，即便是它想自力更生，也没有野花供其采蜜。想当初，蜂后作为一巢之主，拥有自己的王国，那是何等的威风。在它辉煌的时候，巢中的子民数量可能超过6 000。蜂巢中分工明确：工蜂负责照顾后代，修建巢穴，保卫蜂巢；雄蜂负责交配；蜂后不需要劳动，它的任务只有一个——产卵，产下更多的卵。蜂后只要产卵就可以了，孩子的抚养工作全部交给工蜂。

人生有代谢，往来成古今。没有永恒的王朝，也没有一成不变的王者。姜维终其一生，也没能挽救蜀汉被灭亡的命运，独留这空荡荡的点将台，在荒凉的土地上对着满天残阳，令后人唏嘘。曾经位高权重的蜂后会产下两种卵：一种是受精卵，另一种是非受精卵。在蜜蜂小的时候，对于受精的蜂卵发育成的幼蜂和未受精的蜂卵发育成的幼蜂，我们人类的眼睛无法区分，它们在外观上几乎一样。不过，蜜蜂有区分的办法——信息素。受精卵发育而成的幼蜂身上会散发出一种信息素，这种信息素如同将军的虎符可以号令千军万马那样，能让工蜂给自己喂食蜂王浆；而其他的幼虫就无法享受这种待遇。然而，一个蜂巢中不止一个受精卵，而是有几个或者更多，这些被喂食蜂王浆的后代都有可能成为未来的蜂后。蜂后的位置是个极大的诱惑，这些后代们为了争夺这个宝座，必须快速成长，谁长得快、个头大，获胜的概率就大。当生长最快的"王储"长成后，它身上就会散发出另一种信息素。这种信息素会阻止它的同胞变成蜂后。当老蜂后死后，它身上就不再散发那种信息素了。于是王储顺利上位，成为新的蜂后。

眼前的这只蜂后形单影只，极有可能是被取代的蜂后。它已经完成了自己的使命，把基因传递给下一代。如今它时日不多，伴着眼前土丘结束自己的一生。物是人非，无论是曾经叱咤风云的将军，还是曾荣为一巢之主的蜂后，都逃不过时间的蹉跎。在自然面前，我们终究不过是一抔黄土。

有勇有谋的竹节虫

我告别蜂后，准备下山。步道两边的植物枯黄，其中一处枯黄的植物上有一根鲜艳的枝条格外显眼。我下意识地看了看，发现不对劲儿。这并不是植物，而是竹节虫。我发现它的时候，它在一棵低矮的枸杞树上，油绿的身体连着两根枝条，显然和树枝不协调。当然如果是春季或者夏季，很难区分出来。它的三对足立在身体两侧，和竹节惊人地相似。即便是在满目苍黄的环境下，不仔细区分也难以发现它。它的头部和身体明显不协调，越往后竹节越大。我粗略地数了数，它的腹部有六个节。它正在啃食叶片，它的头很小，嘴也很小。

如今是冬季，这只竹节虫也走到了生命的尽头，它们的生命只有3~6个月。竹节虫没有蝗虫那样的弹跳和飞行能力，没有螳螂那样的巨斧可自卫，也没有毒液以驱敌。看似弱小的它们，却上演了自然界中的一出自卫大戏，它们自卫的表演堪称昆虫界的教科书。

竹节虫是伪装大师，它可以巧妙地将自己和环境融为一体，令天敌难以分辨。它们还可以根据温度来调节自己的体色，天冷的时候，它们的体色变深，温度高时则变浅。竹节虫看似弱小，它们的天敌可个个来头不小，比如鸟儿、爬行类动物。相比于它们弱小的身体，这些天敌不仅是庞然大物，而且智慧高超。如何躲避强大天敌的袭击，成为竹节虫生存的第一要义。竹节虫采取隐藏避敌的策略，在危机四伏的白天几乎一动不动，靠着微小的足和黏黏的掌垫，紧紧贴在植物上。由于竹节虫的体色会随着周围环境变化，它看起来就像嫩枝或叶子的一部分，有风吹来，它也随之摇摆。到了夜间，天敌的数量变少，它才出来活动，大快朵颐。

看似弱小的竹节虫，却是自然界的赢家，全世界有2 000多种竹节虫，这是一个庞大的数字。竹节虫的足迹遍布热带、亚热带、温带。中国有100多种，遍布南方各省。

我轻轻晃动竹节虫所在的树枝，它们一动不动，如同树枝一样，任凭我摇摆。看来它很信任自己的伪装，把自己当成树枝的一部分。某些竹节虫采取装死的策略，只要它栖息的树枝稍做震动，或者它感觉到危险迫近，它就会自动从树上坠落。与此同时，它收胸拢足，一动不动，保持这种姿势几分钟，几乎不露任何破绽！一旦感觉危险解除，它便伺机溜之大吉。实际上，装死是自然界很多动物的避敌策略，因为自然界中大部分动物不喜欢吃尸体。

　　我仔细查看竹节虫的腹部，确信它没有翅膀。在竹节虫的家族中，大多数竹节虫没有翅膀，不过有小部分例外，它们不但有翅膀，而且色彩非常亮丽。对竹节虫而言，漂亮的翅膀不仅可以逃避追捕，还是一种防御天敌的武器。平日里它们会把翅膀合起来，一旦受到侵犯，翅膀便突然打开，而翅膀上的彩光会让不少食肉动物惊慌失措。这其实是一种竹节虫的警戒色，可以将天敌吓跑。

　　有些竹节虫不但可以恐吓天敌，在遇到危险时还可以主动出击，御敌于国门之外。台湾有一种叫津田氏大头竹节虫的家伙，它们体内含有"化学武器"。这种竹节虫主要生活在台湾的恒春半岛等地，成虫超过10厘米，一生都生活在同一棵树上，靠吃树叶为生。一旦遇到敌害，它们就从头部与胸部间喷射出一种特殊的化学物质，有刺鼻的味道。还有些竹节虫拥有强大的物理武器——刺，它浑身覆盖着微小的尖刺，无论多胆大多贪吃的食肉动物遇见它，都得仔细想一想值不值得下嘴。

　　如果既没有化学武器，也没有物理武器，那就只有三十六计走为上策了。这实在是一个迫不得已的办法。当竹节虫被攻击性极强的食肉动物抓住一条腿的时候，往往会弃卒保帅——干脆直接把腿丢掉，逃生要紧！这是一种不得已的权衡，和壁虎断尾有异曲同工之妙。少了一条腿不会影响它的灵活，丢了命才叫惨。如果它还在幼年时期就更好了，腿还可以重新长出来。遗憾的是，这种逃生机会只有三次，要是超过了就会威胁到它的生命。

　　除了高超的防御能力外，竹叶虫家族的繁盛还得益于它们强大的生存能力。对于高等动物而言，雌雄交配受精才能生育后代。竹节虫可以进行孤雌生殖，未受精卵一样可以发育，不过多发育成雌性，受精的卵则发育成雄性后代。竹节虫的产卵方式别具特色，有的直接从树上丢下来，有的把卵埋起来，有的干脆一个个地黏到树皮上，一切都因地制宜。竹节虫的伪装从卵的时期就开始上演了。它们的卵活像植物的种子，有的甚至像竹节虫爱吃的植物的种子。卵和种子很像，那不是自寻死路吗？要知道自然界以种子为食物的昆虫比比皆是。其实不然，竹节虫正是反其道而行，它们种子状的卵吸引着昆虫中强大的蚂蚁军团。在长期的进化之路上，竹节虫做到了很好的权衡。它们的卵如果暴露在外面，可能会全军覆灭；而被蚂蚁带走，成活的概率大大增加。这其中的奥妙在于，蚂蚁会在巢中囤积大批粮食，但是它们正在食用的不过十之一二。竹节虫的卵气味平淡、颜色灰暗，在蚂蚁的粮仓中算不上优质食物，蚂蚁对它的兴趣不大。在蚂蚁军团的保护下，竹节虫的卵可以高枕无忧，避免在地面上遭到厄运。蚂蚁是它们天然的保镖，因为昆虫界中敢于招惹蚂蚁军团的实属凤毛麟角。

竹节虫主要取食植物的叶子，对植物的危害比较大，在人类眼中属于害虫。人类恨不得除之而后快，可是竹节虫拥有极强的适应能力，世界上每年有近百种动物消失，竹节虫却活得自由自在。话又说回来，自然界凭什么一切按照人类的意志？人类自以为是自然主宰，这一切都是一厢情愿而已。因为现实情况就是，人类拿竹节虫几乎一点儿办法都没有。

黄蜂：构造精密的杀手

11月29日早晨，在蒋老师的安排下，我们一行四人前往草坡保护区。进入保护区的隧道比较多，其中的沙排隧道格外壮观。这条隧道长约4千米，蜿蜒曲折，中间需要转几道弯，里面仅有微弱的照明。洞顶不停地滴水，在地面形成一个水泡子。这条隧道是为了里面的沙排村而修建的，是连接沙排村与外界的通道。沙排村是一个藏族村落，有200多人。

到了保护区，我们如同大侦探。森林处处有玄机，动物们有自己的语言，很多时候只是人类无法识别而已。如果你可以弄清楚动物留下的痕迹，就可以更好地走进它们的世界。前方有一块巨大的岩石，形成一个大洞穴，在冬季这里是动物们热爱的温床。岩石上有一处粪便，这是豹猫的粪便。这里是理想的庇护所，也非常适合人类扎营。如果适逢雨天的夜晚，在旁边生起一堆火，可以美美地睡一觉。你看，这边干枯的树桩下面有一个洞，洞被其他动物破坏过。这个洞是一种土蜂的巢穴，而破坏洞穴者很有可能是黑熊，它们嗅觉极为灵敏，对蜂蜜由衷热爱。

豹猫粪便

　　前方几百米的一棵樟树上有一个蜂巢，这是黄蜂的巢。黄蜂也叫胡蜂，身上黑色和黄色的组合透露出一股霸气。黄蜂群是一个有组织有纪律的群体，蜂群中等级最高的女王负责产卵，它的子女——工蜂们负责筑巢和抚养后代。平均每只工蜂一天要捕猎2~3只昆虫，才能完成任务。一提到捕猎高手，很多人会想到狮子、豹子、老虎这些终极杀手，而黄蜂容易被人忽视。其实就捕猎效率和成功率而言，黄蜂要比前面这些猎手高得多。

　　黄蜂全身就像一台精密的仪器。它的眼睛尤其神奇，仅从表面看，它只

胡蜂
陆千乐　摄

有两只眼睛，但每只眼睛都由上千只单眼组成。每只单眼可以独立成像，在它的世界中，人类由无数个图像组成。黄蜂的触角也非常灵敏，可以精准地捕获猎物发出的气味，并由此判断猎物的精确位置。每次捕猎时，黄蜂发现猎物后会悄悄接近，它们擅长出其不意，给猎物致命一击。和其他动物不同，黄蜂并不独享捕捉的猎物，而是将其带入巢中，抚养蜂后的孩子。作为回报，这些幼蜂体内合成蜜，反哺给黄蜂。从幼蜂口内得到的蜂蜜，才是黄蜂中的工蜂们真正的食物。

除了捕猎，黄蜂平日里还要承担筑巢的重任。蜂后的繁殖能力很强。每产一枚卵，就需要一个单独的蜂室，这些都需要黄蜂来完成。黄蜂是自然界的天才建筑师，它们用口器把木头咀嚼成木屑，而唾液就是它们天然的黏合剂，将这种木屑黏在一起，如同造纸。

民间有句谚语："青竹蛇儿口，黄蜂尾上针。"这里说的是黄蜂尾上有根毒刺，是它捕猎的重要武器。即便是人类不小心被蜇到，也会疼痛难忍，更何况是那些个头和黄蜂差不多的昆虫。

在人类眼中，黄蜂的毒刺是剧毒的代表，一旦被其袭击，往往会疼痛难忍。而在黄蜂眼中，这些没有毒刺的人类似乎更加可怕，他们可以轻而易举地将一个黄蜂家族毁灭。

高山熊蜂如何挑战地球之巅？

我们爬到山顶海拔3 000多米处，发现了一只熊蜂。熊蜂是蜜蜂总科蜜蜂科的一属，似蜜蜂，但唇基隆起，颚眼距明显。世界大部分地区都有熊蜂，在温带最为常见。熊蜂体粗壮多毛，一般长1.5~2.5厘米，多为黑色，并具有黄色或橙色宽带。它们在地下筑巢，或找废弃鸟巢、鼠洞栖身。此外，最为人称道的就是它们的飞行能力，经常可在4 000米高空活动，甚至在5 600米高空也能发现其踪影。

熊蜂的飞行高度引起了两位动物学家的兴趣，一个是怀俄明州大学的迈克尔·迪伦（Michael Dillon）博士，另一个是加州大学的罗伯特·达德利（Robert Dudley）博士。他们在四川工作期间，多次见证过熊蜂的飞行高度，可是也不知道它们究竟能飞多高？最好的证明办法就是把它们尽可能带到高的地方，看看能否适应，可是现有的高度条件已经远远无法满足实验的需求了。

于是，实验模拟成了重要的验证手段，两位科学家在四川省境内海拔3 250米的高度捕获了5只熊蜂，而后将它们放在树脂玻璃舱内。高空飞翔最严峻的挑战之一是空气密度，因为空气密度低，动物在扇动翅膀时产生的升力会相应降低。为了模拟这种条件，他们采用负压抽吸使舱内压强降低，以模拟高空空气稀薄的情况，通过每次降低舱内压力来模拟增加500米高度的间隔。

奇迹产生了，5只雄蜂可在7 400米高度的低压环境中悬停飞行。继续降压，其中3只在8 000米的高度照飞不误。奇迹还在延续，有2只竟然可以在9 000米高空正常飞行。对于这一结果，加拿大不列颠哥伦比亚大学研究动物飞行的道格拉斯·阿特舒勒（Douglas Altshuler）教授表示：尽管研究时采用高压模拟舱，不同于高空的实际情况（例如没有低温和强辐射等问题），但这一飞翔高度仍让人无法想象，研究结果也令人信服。

震惊之余，我们不由得思索：这些熊蜂为什么有如此神奇的力量？迪伦和达德利博士对这些动物的视频资料进行认真分析。高空飞翔面临的最严峻的问题是空气密度低，动物在扇动翅膀时产生的升力会相应降低。从理论上讲，解决这个问题的办法就是尽可能提高扇动翅膀的频率。于是他们将注意力集中在熊蜂的振翅频率上，看看有没有什么变化。可是，结果让两位科学家再次陷入困惑，他们反复观察发现，在不同的模拟高度下熊蜂的振翅频率并没有变化，难道它们还有其他的适应方式？

一个不经意的举动引起了他们的注意：随着高度升高，虽然振翅的频率没有变化，但是熊蜂的翅膀发生了变化，它们努力向外扩展翅膀的宽度。原来如此，熊蜂依靠增加翅膀伸展的宽度来增加飞行的升力。相比于提高翅膀的扇动频率，增大翅膀伸展的宽度更节省能量。真相终于浮出水面，也随之带来了新的困惑：这些高山熊蜂为什么要进化出这样神奇的高空飞行功夫？

迪伦怀疑这应该有其他目的，例如逃脱天敌的袭击或运输更重的花粉。强大的飞行能力可能不只是为高度而进化，而是为提高负荷能力而进化。阿特舒勒同意这个解释。不过这仅仅是一种猜测，到底为什么动物要进化出这种特殊的飞行功夫，真正原因还有待进一步研究。

当然，这项研究不等同于这些熊蜂真的可以在珠穆朗玛峰飞行，因为在高空除空气密度小、氧气分压小以外，温度和辐射也是巨大的挑战，这可能就是这些动物不继续增加飞行高度的真正原因。

蜜蜂懂得零的概念

道路旁的草丛中开着一簇簇不知名的野花，野花之上三三两两的蜜蜂在采集花粉。作为人类的我由衷地好奇，这些蜜蜂飞来飞去，它们如何知道哪些花朵的蜜被采过了，哪些没有被采？

你可能会觉得它们在花丛中漫无目的地采蜜。这可就低估了蜜蜂，它们拥有一个令人难以置信的大脑。实际上，蜜蜂的工作非常具有挑战性，为了有效地发现和收集食物，工蜂必须记住最有效的觅食途径。更有挑战性的是，觅食路线会随季节和其他因素而变化。蜜蜂甚至可以记住它们最近采过的花，所以它们不会浪费时间去那里。蜜蜂想要准确记住觅食路线，必须具备良好的记忆力和学习能力，这其中就包括数学能力。

一些脊椎动物表现出复杂的数量概念，包括数字的排序，甚至是零的概念，但昆虫是否具备这种能力呢？

科学家之前已经知道蜜蜂具有一定的数学能力，例如能够数到4个数，这在其跟踪环境中的地标时可以派上用场。科学家对蜜蜂进行训练，让其学会"大于"和"小于"的数字概念。从0到1的突破难度远远大于从1到更多，"0"意味着没有，是非常难以理解的概念。很多动物可以理解复杂数字的概念，却难以理解"0"的概念。在自然界只有少数动物能够理解"0"的概念，比如猕猴和非洲灰鹦鹉。

为了探索蜜蜂是否知晓"0"的概念，研究人员培训了10只蜜蜂来识别两个数字中较小的一个。在一系列试验中，他们向蜜蜂展示了两张不同的图片，在白色背景上显示几个黑色的形状。如果蜜蜂飞到黑色形状数量较少的图片上，它们会得到可口的糖水。但如果它们飞向数量较多的图片，就会受到苦味奎宁的惩罚。另外一组实验正好反过来，蜜蜂如果选择数量多的图片会受到奖励，选择数量少的图案则会受到惩罚。

结果发现第一组蜜蜂能够理解并总是会飞向黑色形状数量少的图片（另一组飞向多的），这是一项令人印象深刻的壮举。然后，研究人员向蜜蜂展示另外两张图片：这一次，一张图片上没有任何东西，另一张则有一个或更多的黑色形状。尽管蜜蜂以前从未见过一张空白的图片，还是有64%的个体选择了空白图片，而不是包含两种或三种形状的图片。这表明蜜蜂知道0小于2、3。在进一步的实验中，研究人员发现蜜蜂对"0"的理解更加复杂：例如，它们能够区分1和0，这种能力对于"零俱乐部"的其他成员来说也是一个挑战。像这样的高级数学能力可以给动物带来进化优势，帮助它们追踪捕食者和食物来源。

有人会提出疑问，是不是密集的图形会带给蜜蜂的大脑空间刺激，使它们做出选择？然而，实验表明蜜蜂可以学习和应用"大于"和"小于"的概念。蜜蜂对于"0"的理解水平和非人灵长类动物保持一致。

一个尚未解决的问题是，这种高级数值理解能力是不是蜜蜂独立进化的结果？对灵长类和乌鸦大脑的研究发现，对高级数值的理解由不同的大脑结构完成，表明处理数值的能力是独立进化的。科学家在鸦科和非人类灵长类动物中发现大脑中有一组"数神经元"，可能是负责理解这些数字的细胞。至于蜜蜂脑神经中是否拥有类似的神经元，还不得而知。

为什么这项成就如此有趣？蜜蜂的脑神经元数量比人的少得多。一只蜜蜂的脑神经元少于100万个，而一个人有8.6亿。然而，这两个物种都具有辨别"0"的能力。这意味着数学能力可能在导航、寻找新的食物、捕猎和参与社会互动中具有独特的价值。

如今，聪明的蜜蜂面临人类的威胁，目前农药正对蜜蜂的种群造成危害。许多实验室通过"长鼻延伸试验"观察到了蜜蜂的反应。杀虫剂会对蜜蜂的记忆和学习行为产生负面影响。虽然目前国际上一些发达国家的农药法规定不得使用可以直接杀死蜜蜂的杀虫剂，但即便是不会直接杀死蜜蜂的农药，也会间接影响到蜜蜂的生存。

离开人类对蜜蜂的生存应该影响不大。反过来想想，如果人类离开蜜蜂会如何呢？

第 9 章

卧龙

渐行渐远的猛兽

大熊猫骨架

卧龙国家级自然保护区位于四川省阿坝藏族羌族自治州汶川县西南部、邛崃山脉东南坡，是中国第三大国家级自然保护区。2017 年 12 月 4 日，我来到卧龙国家级自然保护区的耿达镇木江坪保护站。

我在路边发现了大熊猫的粪便，俯下身子闻了闻，不仅不臭，还散发出一阵清香。在进化史上，大熊猫无疑是成功者，和它生活在同一时期的猛犸象、剑齿虎都已相继灭绝，而大熊猫依旧健在。有人说，这是人类保护的功劳。人类的确在保护大熊猫上做出贡献，可是大熊猫的濒危不也是人类造成的吗？假如大熊猫会说话，它将如何看待人类？

假如熊猫会说话

2017年12月5日，我在卧龙保护区调查川金丝猴。早晨九点我和向导一起进山，天空飘起了雪花，很细、很急。山路越走越窄，两旁大叶杜鹃的叶子蜷缩着，野板栗的果实挂在树上，枫杨树上一串串种子像翅膀一样，悬钩子的红色果实挂满枝头。道路很窄，仅容一人通过，两旁是一层层岩石，本来是水平的，由于受到地球构造力的作用而形成褶皱，产生了如今的角度。风化后的岩石碎屑为植物的生存提供了绝佳的条件，苔藓、地衣、羊蹄蕨分布其上。

山里无比安静，一只红嘴蓝雀在树枝间喧闹，鸟鸣山更幽。我们在路旁发现一堆竹子的碎片，这是大熊猫的粪便。我俯下身子，凑上去闻了闻，不仅没有臭味，还有一丝淡淡的竹香。这主要是由大熊猫独特的消化系统决定的。大熊猫具有食肉动物的身体和消化系统，却以竹子为食。竹子是一种高纤维和低营养的食物。在2010年中国科学院动物研究所魏辅文院士研究组公布的大熊猫基因组数据中，我们没有发现消化纤维素的酶的基因编码。那么大熊猫是如何消化和利用竹子的呢？

取食富含纤维素食物的食草动物肠道很长，内有消化纤维素的共生菌。相比之下，大熊猫的肠子很短，无法分泌消化竹纤维的消化酶。大熊猫能消化竹纤维，得益于体内的微生物。尽管如此，大熊猫对竹子的消化利用率也很低，只有17%左右。为了维持能量，大熊猫只得吃、吃、吃，同时排出大量消化完全的纤维素，这就是它们的粪便不臭的原因。凡是大熊猫活动的地方，最容易发现一堆纤维素粪便。大熊猫的食量惊人，曾经吃穷美国亚特兰大野生动物园。做客亚特兰大野生动物园的大熊猫伦伦和洋洋每周要吃掉整整180千克新鲜竹子。而这些竹子大多需要从中国空运，花费可想而知。中国科学院动物研究所魏辅文院士领导的研究团队对生活在我国秦岭地区野生大熊猫的觅食和营养利用策略进行了长期的跟踪研究，揭示了大熊猫与其他哺乳动物相比，其全年取食食物的能量更为接近食肉动物，即蛋白质为其提供了一半左右的能量来源，这显著区别于其他植食性动物。

但凡见过大熊猫的人无不被它们萌翻，它们有黑白相间的毛发，萌萌的黑眼圈，一副天然呆、自然萌的样子。很多网友曾经想象大熊猫没有"熊猫眼"会是什么模样。2019年5月25日，四川卧龙国家级自然保护区管理局在野外发现了白色大熊猫。有网友戏称："这只大熊猫出门忘记戴太阳镜了。"实际上，影响远比忘记带太阳镜的大。这只大熊猫为何是全白的呢？

动物的毛色受到基因的影响和控制，而基因的表达非常复杂，并且会受到酶的影响。那些白化动物体内缺少了一种重要的物质——酪氨酸酶。酪氨

酸酶可以帮助动物体形成黑色素，一旦缺少这种酶，黑色素就无法形成，于是形成了白化现象。不过，动物的白化现象不会对它们正常的生理活动、交配繁殖等产生影响。之前，有不少白化动物都成功产下了后代。实际上被报道的白化动物个体不在少数，比如白孔雀、白鹿、白头叶猴等白化个体。在人类眼中，突然出现的白化大熊猫成为万众瞩目的对象，可是对于它本身而言，这不是一个好兆头。一般而言，动物的体色和生存的环境是相互依存的，也就是所谓的保护色，可以很好地隐藏自己，避免天敌的袭击。而白化个体反其道而行，体色与周围的环境格格不入，无异于将自己暴露在大庭广众之下。大熊猫的黑白"衣服"可不是为了卖萌，这是它们的"野外迷彩服"，是长期适应本地森林环境的进化结果。大熊猫身体上黑色的毛发利于它们夏季在冷杉、竹林中隐藏，而白色的毛发可以在下雪天发挥隐身功能。与此相比，这种白化的大熊猫在森林中没那么容易隐藏自己，暴露给天敌的机会就多了。

此外，这只白化的大熊猫没有了"熊猫眼"，对于它来说，这是一件重大的损失。在人类眼中，大熊猫的熊猫眼比较萌，可是在动物界中，那是猛兽的象征——动物面部表情颜色对比明显可以起到恐吓的作用。此外，大熊猫面部黑白相间的毛色可作为彼此间沟通交流的信号。而失去这一特征的白化熊猫，自然会面临诸多生活上的不便。

除了这只白化大熊猫外，还存在棕色大熊猫。和白色大熊猫一样，棕色大熊猫也是一种罕见的变异。截至今天共发现了5只棕色大熊猫，主要分布在秦岭地区。

如果从大熊猫的历史看，这点突变不足为怪，要知道当年大熊猫可是实实在在的食肉动物。历经千百万年的进化，大熊猫由肉食性逐渐转变为草食性，并且只偏爱竹子。这是长期进化历程中的一次又一次抉择导致的。大熊猫原本生活在茂密的原始森林中，历经多少次自然浩劫，包括冰期、间冰期的考验，幸运地活了下来。虽然大熊猫家族不是很庞大，但也足以躲在森林中，吃喝无虞。当然，若干年后它们可能会不适应气候的变化，进一步进化或者走向灭绝，那都是自然界本身的事情。很多时候自然选择的历程会遭到人类的干扰，而且这种干扰有时候是决定性的。

人类的干扰改变了它们生命的进程。大规模的原始森林遭到砍伐后，大熊猫失去了赖以生存的家园。它们食性极为单一，生存举步维艰，走到了濒临灭绝的边缘。人类第一次改变了它们的命运，并且这种影响是决定性的。在当时的情形下，如果不加以保护，大熊猫的灭绝只是时间问题。要知道，历史上因人类活动而导致的物种灭绝案例不胜枚举。

识迷途而未远，觉今是而昨非，一些有良心的国内外科学家认识到形势的严峻，为了保护大熊猫而奔走呼吁。乔治·夏勒、胡锦矗、潘文石等老先生积极努力推动，在大家共同努力下，大熊猫的保护得到重视，被提到国家层面，最终大熊猫成为中国国宝。大熊猫的命运由此迎来转机，它们赖以生存的家园得到保护，种群得到恢复。2017年世界自然保护联盟将大熊猫在红色名录中的级别由濒危等级下调到易危，这是多年来保护大熊猫的努力成果。不仅如此，大熊猫是一种旗舰物种，在它生境中的其他珍稀动物一并得到了保护。

大熊猫作为中国的国宝，可谓家喻户晓。它那副天然呆、自然萌的样子可谓人见人爱，每年都有许多外国游客不远万里来到中国，为的就是一睹大熊猫的芳容。为了保护这位动物中的大明星，国家可谓下了血本，1990—2010年先后拿出3万多平方千米的国土，建立了67个自然保护区来保护大熊猫，每年花在大熊猫身上的钱估计有2.28~2.92亿美元。

有不少人提出，花费如此大的代价来保护大熊猫究竟价值何在？

其实在保护大熊猫这件事情上，很多人只看到了花在大熊猫身上的钱，却忽略了从中得到的价值。前不久，中国科学院动物研究所魏辅文院士和其团队专门算了一笔保护大熊猫的经济账，发现保护大熊猫原来可以产生巨额的价值回报：国家投资大熊猫每年可以获得至少10倍的回报。对于一个优秀的投资者来说，每年的回报率能达到20%就已经是股神级别。国家每年对大熊猫的现行保护制度的收益/成本比率为10.2。如果把大熊猫为全球人口增加的文化价值算上，那么投资回报比率可以达到27.1。

大熊猫
张涛 摄

保护大熊猫为何可以产生如此大的价值回报？

首先是大熊猫的生态服务价值。生态服务价值即人类从生态系统获得的益处，如果将其换算成金钱，全球一年的生态服务价值估计为125万亿美元。魏辅文院士估计2010年大熊猫的生态服务价值和大熊猫所在的保护区的价值在26亿~69亿美元。每年大熊猫带来的生态服务价值是其保护投入的10~27倍。国家和地区范围内的评估显示，这些生态服务价值在多个方面支持着我们的生活。生态服务价值的关键一环就是物种多样性。大熊猫作为旗舰物种，吸引了大量政策和资金的支持。中国政府目前建立了67个保护大熊猫的自然保护区，这些保护区的生物多样性在温带地区中最高，并且覆盖了中国

其他濒危物种。因此，保护大熊猫及其栖息地也同时保护了其他动物。

其次，要知道大熊猫可以产生巨大的文化价值。这几年出过很多关于大熊猫的影视作品，比如《功夫熊猫》《我们诞生在中国》。如果将大熊猫注册成商标，像米老鼠那样，产生的文化价值还会翻倍。

说到这里，依旧有很多人不以为然，他们看不到保护大熊猫带来的价值，也不理解所谓的生态服务价值。这些人往往更关心老百姓的收入。下面有一组数据，可以反映保护大熊猫与老百姓增加收入之间的关系。

《中国统计年鉴》的数据显示，2000—2010年，大熊猫保护区所在的省份（四川、陕西和甘肃）农民的年收入平均增长56%。而与大熊猫保护区相邻市县的农民的年收入平均增加64%。因此，靠近大熊猫保护区的农民年收入比全省平均值高出8%。以上分析表明，对大熊猫保护的投资也可以为当地百姓谋福利。

在国家的支持下，从1980—2000年大熊猫保护地增加3.5倍，世界自然保护联盟红色名录中大熊猫的级别也从濒危下降到易危，这足以反映中国的保护成效。

如果大熊猫会说话，它将如何看待人类？人类确实在大熊猫的保护中做出了不可磨灭的贡献，可以说如果没有人类的保护，大熊猫可能已经从地球上消失了。从这个层面讲，大熊猫应该感激人类，是人类挽救了它们。可是反过来想想，当年大熊猫"家破人亡"也是人类不合理地开发造成的。如果没有人类，大熊猫可能一样活得很好。是非恩怨，不是简单的一句话就能够说清楚的。与其说人类是大熊猫的拯救者，不如说人类是在为自己赎罪。

大熊猫是幸运的，由于人类及时觉醒，挽救了它们的命运。可是，还有一些和大熊猫一样濒危的物种，它们的家园被破坏，种群被屠杀，可是它们得到的保护力度远远不如大熊猫，命运也和大熊猫截然不同。比如伊犁鼠兔、绿孔雀、穿山甲、黄胸鹀（荷花雀）。以黄胸鹀为例，它在2000年还是无危物种，2004年变成近危，2008年易危，2013年濒危，2017年是极危。

难道这些物种就该灭绝吗？难道它们因为不是国宝，就该被淘汰吗？同样是大自然的物种，是谁赋予人类生杀大权，是谁赋予人类干预自然选择的权力？物种的选择，自然的进化，难道由人类决定吗？

豺与狼真的为伍吗？南中国消失的豺

我在卧龙调查期间，询问过很多在保护区工作20~30年的护林员，看他们是否见过豺和狼。他们均表示近20年来没见过，最后一次见到豺和狼是在20世纪90年代。就连红外相机，近年来也几乎没有拍到它们的身影。很多时候人们把豺狼混为一谈，其实豺与狼的区别还是很大的。从外貌到习性，豺与狼有着诸多明显的不同。

首先，从分类上讲，豺是豺它妈生的，狼是狼它妈生的。它们不一样！豺是犬科豺属下的唯一物种，狼属于犬科犬属，根本不是一拨的。

其次，从外观上来看，豺就像狼和狐狸的结合体，个体比狼略小。豺的躯干和四肢结构更像猫科动物，相比于狼，豺的行为更加敏捷。

再次，豺与狼虽然都是群居动物，但是狼的等级更加森严。豺群中没有豺王，它们更像是搭伙过日子，逮到猎物之后一起分享。而狼群中个体的角色、等级明显，抓到猎物后进食时往往有一定的先后顺序——"老大"先吃。狼群中处于首领地位的狼很容易识别，它们往往个头更大；而豺群中的首领豺却很难识别，它们不会表现出"老大"的气势，尽管其他成员也会顺从它。

还有，豺与其他犬科动物不同，它们往往不会标记自己的领地。而狼的领域性很强，通常会用尿液或者其他痕迹来标记领地。

最后，豺群中可能包含一只以上的可繁殖雌性，而狼群中往往只有一只可以繁殖的成年雌性。在交配过程中，豺与其他犬科动物不同，它们没有"生殖器锁"。犬科中有很多动物，一旦雄性生殖器进入雌性生殖道后，雄性的生殖器受到刺激就会充血而急剧膨胀，雌性生殖道的肌肉收缩，形成所谓的生殖器锁。

无论是文化还是民间演绎，人们都经常把豺和狼混在一起，觉得它俩是形影不离的好搭档。其实豺

豺
马鸣 摄

与狼从来不是搭档，更不会合作，它们之间是竞争关系。豺与狼的主要猎物是中小型的有蹄类和啮齿类，并且豺与狼都是群体合作进行捕猎的。因此，豺与狼不得不面对种间竞争的压力。除非在食物极为丰富的情况下，豺与狼才可以共存。即便如此，它们也是分地盘的。因此，像新闻中出现的豺狼一起来的情况，在野外几乎是不存在的。

豺的猎物种类还与除了狼以外的其他亚洲大型食肉动物重合度较高，它们不得不面对种群间竞争的压力。在印度，豺和豹、虎的种群间竞争尤为激烈。我们汉语中有"豺狼虎豹"这个词，很多人可能不理解。为何豺是老大？这还得从豺惊人的战斗力说起。由于生存压力大，豺比狼更具有社会性，但等级并没有那么严格，它们的社会结构非常类似于非洲野犬。在开始狩猎之前，豺群会进行一个社交仪式，成员之间互相触碰鼻、摩擦身体等。在追击猎物时，它们有着密切的配合，会分批次投入战斗。往往同一时间只有几只豺在追逐猎物，而其余的成员躲藏起来，或者保持稳定的步伐节省体力。等前面的豺追捕累了，后面的就会轮番接替，直到将猎物擒获。一旦大型猎物被捕获，一只豺会抓咬猎物的鼻子，而其余成员则通过侧翼和后躯将猎物撂倒。老虎作为"森林之王"，除了武松外，好像很少有动物可以威胁到它们，但豺是一个例外。在某些地区（比如印度），豺与老虎生活区域重叠，它们之间的竞争大多通过选择猎物的差异来避免（然而，在某些情况下，豺依旧可能攻击孟加拉虎）。当面对豺群的围攻时，老虎会爬到树上寻求庇护。在老虎最后一次逃跑之前，它可能会被豺群长时间围攻。那些逃离的老虎通常会被杀死，而站在原地的老虎则有更大的生存机会。这是因为在逃跑过程中豺群会分梯队消耗和围攻老虎，直到将其体力耗尽后将其杀死。

豺经常分成3~5只的小群，特别是在春季，因为这是捕捉小型有蹄类的最佳团队规模。在印度，一个豺群通常有5~12个成员，但也有多达40只的报道。有一条新闻，工人在祁连山遇见10只豺，已经是中国记录到的豺数量最多的一次（之前盐池湾保护区曾发现一群有9只豺）。

历史上，豺的分布非常广泛，如今全球有75%的豺已经从其原有分布地消失了。它曾经是老一辈拿来恐吓小孩的动物，在我们这辈已经成为传说。以中国南方为例，30年前豺还是一种常见动物。如今，我到过四川的9个国家级自然保护区，没有一个保护区在15年内记录和拍摄到豺。我采访了当地的护林员，他们最后一次见到豺是在15年前。虽然豺在中国依旧是国家二级保护动物，可是它早已是世界濒危物种。世界自然保护联盟把豺列为濒危动物，全球估计只有4 500~10 500只。能一次在野外见到10只，其难度和运气可想而知。

豺大规模减少的主要原因在于猎杀、栖息地破坏及传染病。栖息地破坏这个原因无须多讲，随着人类活动的扩张，大多数动物的栖息地都在锐减。至于猎杀，和中医有一定的关系。豺皮远远没有狼、豹和虎等兽类的皮值钱。然而，豺皮是一种中药。《新修本草》记载：豺皮主冷痹脚气，熟之以缠病上，瘥止。中医认为，豺肉有补虚消积、散瘀消肿的作用，可以治疗虚劳体弱、食积、跌打瘀肿、痔瘘等。有了巨大的市场，自然有人想方设法猎杀豺。此外，豺很容易受不同疾病影响，特别是在与其他犬科动物共同生活的区域，豺可能会感染狂犬病、犬瘟热等。我怀疑，近20年中国南方豺种群断崖式减少，很有可能是突然感染了某种疾病。

随着近30年来国家保护野生动植物的力度加强，不少珍稀动物的种群数量出现回升，其中食草动物和一些杂食性动物的恢复最为明显。然而，当年令人闻之色变的"豺狼虎豹"如今都已经难觅踪迹。顶级捕食者的缺失将会给中国的生态系统带来严重的影响。

流浪狗是否可以填补狼的生态位？

和豺狼隐退形成鲜明对比的是，我在调查期间发现流浪狗的数量在大幅

狗

度增加，甚至有些流浪狗跑到保护区生活了。狼曾经是这个地球上分布最广的哺乳动物之一。近百年来，由于人类的捕杀、栖息地破坏、城市化等诸多原因，狼的分布范围大幅度减少。在中国很多狼的原始分布区内，"狼来了"成为历史，"人来了"变成现实。与狼相比，在人类的扶持下，狗的种群在日益扩张。虽然全世界的狗都是由狼驯化而来，都是灰狼的亚种，但是在近万年的驯化过程中，狗的很多习性变得与狼迥异。

在人类的干预下，狗进狼退的形势正越演越烈。更为严重的是，被人类遗弃的流浪狗正越来越多地走进野外。这些野外的流浪狗和城市中的流浪狗有很大不同，它们正慢慢适应野外的生存环境。我之前在新疆、四川、西藏等地出差期间，经常可以看到成群结队的流浪狗在野外出没。这些地区的流浪狗大多是当地的土狗，有相当一部分来自藏獒。大概十几年前，藏獒被"炒"得如火如荼。关于藏獒的各种神话和演绎纷至沓来，诸如十狗成獒、忠勇护主、勇猛无敌此类。这些原本给藏区牧民看家护院的狗一下子身价倍增，动辄几万、十几万甚至几百万一只。一时间饲养藏獒成为富豪身份和地位的象征。商业包装或许能改变人性，却改变不了狗性。没过多久，藏獒的神话破灭。青海、西藏那些獒园里的藏獒无人问津，而饲养成本又极高，只好被纷纷遗弃，流落野外，真可谓"旧时王谢堂前燕，飞入寻常百姓家"。

这些被人遗弃的流浪狗到野外后，面临的第一大问题就是生存，离开了饭来张口的日子，它们需要自己去获取猎物。经过一段时间的淘汰和筛选，那些生存能力强的狗幸存下来，而那些无法自给自足的狗则被无情淘汰。如今，我们在野外看到的流浪狗都是狗中的精英。我们经常可以看到这些狗成群结队，它们会与高山兀鹫抢夺动物的尸体，也会联合起来猎杀其他的野生动物。

那么接下来有个问题：这些流浪狗会演变成野狗吗？

我所谓的野狗是指家犬野化后，在野外拥有独立生存能力并且可以繁殖建立稳定的种群。在长期的驯化中，家犬身上保留了人类选择的痕迹，比如温顺、吻端缩短、犬齿钝化等。历史上那些被驯化的动物重新回到野外后，会在野外恢复祖先的某些性状，比如攻击力。同时，它们也会保留人工驯化的性状，最后的性状会介于祖先种和驯化种之间。中国的流浪狗是否有成为野狗的可能，目前还不得而知。家犬原本大多被独立圈养，它们之间缺少交流和配合，没有野外捕猎的经验。令人震撼的是，我在野外看到的流浪犬都是成群结队的，并且有很多合作捕猎的成功案例。比如，在新疆有人目击几只流浪犬成功围捕一只盘羊；也有流浪犬围攻雪豹的报道。

目前还不清楚这些流浪犬已经繁衍了几代。眼下，虎、豹、豺、狼等中大型肉食类动物缺失或部分缺失的现状，给这些流浪狗的生存提供了绝佳的机遇。它们在野外无须担心天敌，只要能找到食物就可以存活。这些适应了野外生存环境的流浪狗会成功产下自己的后代，并且它们之间可以杂交，保留优势的性状，淘汰不利的性状。此外，这些流浪狗可能和狼或豺杂交，尽管这种可能性非常低，但确实存在。比如，美国的郊狼就是杂交的产物。

流浪狗一旦适应野外并建立自己的种群，会对中国当前生态系统产生怎样的影响？我没有做过细致的调查，无法定量分析，只能泛泛地谈谈自己的理解。

首先，就当前而言，流浪狗正在捕杀野生动物。国内已经出现诸多流浪狗抢食高山兀鹫，围攻岩羊、雪豹的报道。这些流浪狗会对野生动物造成一定程度的威胁，但是未来如何，还不好推测。

其次，流浪狗可能会将一些疾病带给野生动物。流浪狗由于在相当长的时间内生活在人类居住的环境，对于和人类相关的一些疾病具有免疫力。一

狼

邢睿 摄

旦到了野外，这些流浪狗很有可能会将一些疾病传染给野生动物，那些没有免疫力的野生动物可能会遭殃。这种情况和当年哥伦布的船队将天花传染给印第安人如出一辙。

再次，这些流浪狗会取代狼的生态位吗？中国当前面临的一大生态问题就是大型食肉动物濒临灭绝，进而导致生态失衡，食草动物、杂食动物扩张。诸如，近10年来羚牛、鹿类、野猪种群显著增加，在有些地方已经泛滥成灾。中国食草动物缺少天敌制衡，在不远的将来会成为一道生态难题。而一些小型的食肉动物（比如豹猫、果子狸等），无法对中大型食草动物构成威胁。生态系统面临失衡的局面已初现端倪，随着时间的推移会越发严重。我不知流浪狗的出现能否弥补狼的生态位，这还需要时间来验证。但是，流浪狗想要变成像狼一样的杀手也几乎不可能。它们无法恢复狼群复杂的社会等级结构。虽然它们也是群居生活，但还是和狼的社会结构存在很大差别。

最后，需要慎重评估流浪狗对生态系统的影响。一旦流浪狗完全适应野外生活，建立了自己的种群，这对于当地生态系统是福还是祸？一个地区生态系统的建立是漫长的历史过程，短时间内因流浪狗的突然闯入而造成的生态影响难以评估。

这些流浪狗或许可以替代狼的部分职能，控制食草动物的增加；或许它们会传播疾病，给野生动物带来灾难。这一切都还是未知的，需要长时间的观察和数据才能做出准确的判断。就目前的直观感受来看，野外确实有一些流浪狗已经具备独立生存能力，并成功繁衍了后代。

鲁迅笔下的猹如今有恃无恐

12月8日，我和向导到卧龙保护区的另一条沟调查。我发现了一片新鲜

猪獾

的粪便，应该是猪獾的。猪獾更接近猪，圆滚滚的身材加上"炸炸乎乎"的小短粗毛，走起路来就像个小短腿的球儿。

　　鲁迅先生在提及闰土的《故乡》一文中，曾经提到过猪獾这种小动物，称其为猹。獾属都是杂食动物，能捕猎也吃植物性食物。很难说文中偷瓜的是獾属中的哪一个。词典中提到：猹，毛一般灰色，腹部和四肢黑色，头部有三条白色纵纹。趾端有长而锐利的爪，善于掘土，穴居在山野，昼伏夜出。用猪獾的脂肪炼成的獾油用来治疗烫伤等。

　　猪獾是杂食性动物，主要以蚯蚓、青蛙、蜥蜴、泥鳅、黄鳝、甲壳动物和昆虫为食。猪獾有掘土行为，对庄稼有一定的危害，因此在中国长久以来被认为是害兽。鲁迅先生笔下的猹和猪獾在行为上非常像。文中闰土说猹晚上活动，偷吃西瓜，它性情凶猛，要拿钢叉对付。现实中的猪獾也是一种夜行性动物，它们白天躲在洞穴中休息，晚上出来觅食。猪獾性情凶猛，当受到敌害时，常将前蹄低俯，发出凶残的吼声，吼声似猪；同时能挺立前半

猪獾匆忙逃走

身，以牙和利爪做猛烈的回击。想象一下，一个赤手空拳的人面对凶猛的猪獾，那是一种怎样的场景。

不过，鲁迅先生描写的场景真让我碰到了。当我们转过一个弯的时候，一只猪獾正在一棵枯倒木下啃食苔藓和地衣。如今天寒地冻，食物短缺，猪獾只能将就下。它吃得非常投入，全然不顾一旁有6只眼睛在密切注意它。我悄悄地前进，试着接近它。当我走到距离它不足2米的时候，这种猪獾才猛然发现一只两脚兽就在身边，于是它慌不择路，连滚带爬，逃到斜坡下的灌丛中。和其他夜行性动物一样，猪獾的视力很差，很多时候你走到对面它都无法发现你。不过，猪獾的嗅觉很灵敏，可以远远闻到天敌的气息。我不理解的是，它为何对我的到来无动于衷。

我想假如我是一只狼或者豺，眼前这只猪獾早已经是我的腹中餐。可是，如今这些猛兽们都已消失匿迹，或许这才是猪獾有恃无恐的原因吧。

第 10 章

长青

丛林世界的温存

川金丝猴

2019年1月，我来到长青国家级自然保护区，该保护区位于秦岭中段南坡的洋县北部，是大熊猫的天然庇护所。秦岭有四宝：大熊猫、羚牛、川金丝猴和朱鹮。如今是冬季，不容易见到大熊猫和羚牛，不过我见到了川金丝猴和

朱鹮。虽然我在不少地方见到过川金丝猴，但是此处的川金丝猴让我印象深刻：这是一群招引的猴子，被圈禁在一个狭小的山谷，周围的树林被啃得光秃秃的，和野外的川金丝猴生境相去甚远。相比于川金丝猴，朱鹮倒是自在多了。在中国动物保护的历史上，朱鹮是值得大书特书的，当年整个中国野外发现的仅有6只，如今发展成近千只的规模，这是野生动物保护史上的壮举。

我不是国宝，只不过是人类的伶优

2019年1月6日，我来到佛坪的熊猫谷。雪后游客稀少，我沿着步道往里走，没有欢笑，没有身影，甚至没有一处脚印。我庆幸这里就我一个，可以独享大自然的静谧。你听树林里，鸟浪一层一层，此起彼伏，没有人类的干扰，它们终于可以大声歌唱。这要是换作夏季旅游旺季，游客蜂拥而至，嬉笑喧闹声响彻云霄，再美的歌声也是徒劳。

步道的下方有一条小河，大大小小的石头在河床上星罗棋布。一部分河面被冰层封住，冰面上覆盖着一层薄薄的积雪。小河努力地从冰川下流出，在岩石里穿梭，蜿蜒曲折。小河边有只小燕尾翘着尾巴站在湿漉漉的岩石上。它打量四周，突然一下子跳到河中。河水从它脚下流过，它却站得很稳。猛然间，它低下头，把喙深入水中，如同小鸡啄米。它在寻找水中的食物。不久，它就换到另一处地方，重复着之前的动作。

沿着步道走了约一千米，到了熊猫酒店。白色的酒店已经被岁月的尘埃染成灰色，如同道路两边的积雪，原本雪白，在汽车尾气和尘埃的作用下被染成了黑色。同样是雪，却变了味道。熊猫酒店如今冷冷清清，和夏日的喧闹形成鲜明的对比。为了节省成本，今年冬季酒店已经关闭了。

熊猫酒店的右手边是"野人谷"，当然不是指真正的野人，只是为了满足人的野性而修建的。野人谷左侧山坡上有一片干枯的树林，几十只川金丝猴端坐在枯树上。它们是被习惯化的野外猴群。科学家为了更好地研究野外川金丝猴的习性，需要将猴群习惯化。所谓的习惯化就是长期对野外猴群进行跟踪，让其习惯人类的存在，加以辅助野外投食，有点儿类似于把野外的猴子招安。

前面几个游客已经早早到了，其中一名身穿黑色衣服的男子拿着一包花生。树上的猴子看见男子手里的花生，纷纷从树上下来飞奔到路边，完全不顾人与猴的界限，眼巴巴地看着男子手中的花生。没想到，几颗花生就可以令大名鼎鼎的国家一级保护动物川金丝猴摧眉折腰。男子将花生往天上一撒，众猴纷纷来抢食。这场景如同当年孙悟空从天空带了瓜果，分给众猴。黑衣男显然将自己当成了美猴王。紧接着，黑衣男又拿出一把花生，递给了身后的白衣女子。自己过足了猴王瘾，自然不会忘记家人。女子刚刚拿到花生，一猴上前抱住女子大腿，白衣女惊慌之下，把花生撒到了地上。一旁的猴儿开始争抢了，有两只雄猴为了争夺食物，在一旁龇牙咧嘴，发出"呀呀"的威胁声。黑衣男更加得意，女子也从惊慌中平静下来，欣赏难得一见的场景，只有旁边的红衣女孩吓得哇哇大哭。大人们忙着欣赏猴子大战，竟暂时忽略了身后哭闹的孩子。

川金丝猴对食物的争夺取决于其等级地位。它们不是真的打架，而是一种仪式化的进攻，类似于人类打擂台，点到为止，并不是你死我活的战斗。这是动物在长期进化中形成的策略，既分出胜负又避免了伤亡。当然，面前的人类无法理解猴子的智慧，只是喜欢看热闹。

那边猴子已经分出胜负，这边白衣女才想到身后的孩子。黑衣男掏出手机，打开短视频分享应用"抖音"，一边录像，一边对全国人民炫耀："大家快来看呀，这就是金丝猴，国家一级保护动物，在全国分布不多。这是零距离接触金丝猴。"说完，

黑衣男更加起劲儿了，伸手递给红衣女孩几颗花生让其喂猴子。红衣女孩吓坏了，哭着说：坏猴子，坏猴子，我不喜欢，我要走。黑衣男连哄带骗，说跟猴子握下手咱就走。红衣女孩哪里敢啊。白衣女子轻声说：宝宝别怕，猴子不咬人，来用手摸一摸小猴子。说着，白衣女做出示范，摸了摸身边的小猴。可是，红衣女孩依旧不敢伸手。白衣女拉着红衣女孩的小手，摸了摸猴子的爪子。之后，一家人满足地离开了。

他们走后，我矗立良久，再也没有心情欣赏风景。

川猴丧妻：夫妻之情难以割舍

相比眼前这群习惯化的川金丝猴，野外生存的猴群要幸福多了。在秦岭北坡的陕西省周至国家级自然保护区里，有一群川金丝猴，计有135~145只，分属于12~15个一雄多雌的小家庭（OMUs）和一个全雄单元。在这群猴子中有一个小家庭，其中的雄猴叫朱八弟，它有四个妻子、两个亚成年孩子和两个婴猴。西北大学李保国团队长期对这群猴子进行跟踪监测，观测到了朱八弟在一个妻子死去前后的具体行为：

2013年12月17日下午1点06分，朱八弟的妻子大美徘徊在猴群的周围，偶尔发出叫声。它身体有些虚弱，已经离开家庭三天了（平日里川金丝猴以家庭为单位生活）。全雄单元中的猴儿们看见大美独处，想要接近它，但是没有一只能靠近它5米之内，大美不允许它们接近自己。1点12分，正当大美在地上觅食的时候，它的夫君朱八弟过来了，走近大美（距离它1米之内）。朱八弟轻轻地抚摸了大美的手臂（两次），并向附近的光棍猴发出警告。1点28分，朱八弟将大美带回家，和家庭成员们团聚。两分钟后，大美爬上了一棵大树，爬了约25米。朱八弟紧随其后，轻轻地为大美理毛，家庭其他成员也在树上，偶尔看看大美。

2点05分，大美突然从树上掉了下来，在落地的时候，头部撞到了石头上。它一动不动地躺在地上，身体抽搐，发出微弱的呻吟。朱八弟和家庭其他成员立即发出"夹——夹"的警报声，随即从树上下来围在大美身边。它们走近大美，在一旁凝视着它，在它脸上嗅，给它理毛，给它拥抱，并且轻轻地推它的手臂，偶尔发出警报声和亲切的呼唤。其他家庭的猴子远远地观望着一切。另一个家庭的一只亚成体和一只婴猴试图接近，朱八弟发出警告，它们只好快快地退去。朱八弟和其他妻子继续坐在大美身边，不过，这些成年雌猴开始互相理毛，而朱八弟仍然看着大美，轻轻地抚摸它，给它理毛。此时，家庭中的亚成猴和婴猴们开始离开、玩耍。

3点35分，猴群中的一些猴儿开始离开这块区域。挨着大美的三只雌猴慢慢跟在后面。大美站起身来，它想跟着一起走，可是走了几步跌倒了，随即死去。除了朱八弟外，这个家庭中的其他猴儿没有再接近大美——其他雌猴只是不时回头看看。朱八弟继续留在大美身边，轻轻地触碰大美，反复地推它的手臂。随后，朱八弟沿着其他猴儿行进的方向慢慢离开，它不时回头看看大美的尸体。3点44分，朱八弟坐在河边上，一边凝视50米外大美的尸体，一边观望其他猴儿离开的方向。5分钟后，朱八弟离开了。5点之后，护林员移走了大美的尸体并将其埋在1千米外的地方。第二天早晨，猴群回到大美昨天死去的地方。朱八弟在大美死去的地方来回徘徊，并在附近坐了两分钟。

有很多因素可以影响到灵长类动物对死亡同伴的态度，比如同伴死亡的原因、生前和群体的社会关系，以及所在的社会组织类型。大美是2010年10月加入朱八弟家的，它们在一起生活了三年，建立了深厚的感情（社会纽带）。2012年3月，大美为朱八弟生下了一个婴猴。正是这种关系使得朱八弟对临死的大美照顾有加。在黑猩猩中也有类似的行为。

朱八弟和家庭的其他成员在大美临死之时发出警报声。警报声通常是为了应对危险的，比如天敌接近。大美突然从树上掉下和临死前不正常的举

动，引起了家庭中其他猴儿的恐慌和焦虑，因此它们发出警报声。在川金丝猴中，原因不明的死亡和明显的伤害所导致的死亡引起的反应不同。朱八弟家庭外的猴子没有接触大美。在另一起狒狒的死亡案例中，路过的猴子仅仅是关注了下。这和大美临死前的境遇是类似的：仅有本家庭成员表示关切，其他家庭的猴儿不太关注。

虽然朱八弟家庭成员都对临死的大美亲近、友好，可是只有朱八弟在大美死后依旧没有离开，继续照顾它。朱八弟的举动支持一个假说：与死者越亲密的个体（建立了社会纽带），对死者表达的同情心越强烈。朱八弟的行为以及其他文献报道表明：当垂死的个体和幸存者建立情感纽带时，这种同情心就会表现出来。对死者的同情和照顾，至少不是人类特有的。

生离死别一向是文学作品中最催人泪下的情节，动物是否也有着类似的情感？目前，关于动物情感的研究多是通过大量的观察和感受进行，很少是在控制实验的基础上得到的。虽然很难量化动物对死亡的认知程度，但根据动物面对死亡同伴的表情和行为，我们没有理由怀疑动物也有着丰富的内心世界。它们或许缺乏表达悲痛的语言，但在死亡面前的悲伤、不舍等情感可能是人和动物共有的。

动物的义亲抚育

不仅是川金丝猴,同为仰鼻猴属的滇金丝猴也向人类展示着丛林世界的温存。人类社会中存在义父、义母现象,殊不知动物世界中依旧存在。在动物界这叫义亲抚育,是指处于哺乳期的雌性动物会对和自己没有血缘关系的后代进行哺乳、照顾。

2009年,任宝平博士和黎大勇博士在滇西北的云南白马雪山国家级自然保护区观察猴群行为的时候,首次记录到一起义亲抚育现象,描述如下:

2009年8月12日,任宝平博士和黎大勇博士在响古箐猴群善泽家(猴群中的一个繁殖家庭)附近,发现一只约5个月大的雄性婴猴。为了方便描述,我们就叫它小五吧。根据之前的记录,善泽家是一个繁殖家庭,其家庭成员包括一只主雄猴(善泽)、两只成年雌猴、一只亚成年雌猴、两只青年猴和两只婴猴。这个家庭并不包括小五。那么小五究竟来自哪里,为何出现在善泽家附近?黎大勇博士开始排查猴群中各个家庭最近的"猴员"流动情况。他很快发现,心明家(也是一个繁殖家庭)的一只婴猴走丢了。由于之前对各个家庭出生的婴猴都有记录,很快确认它就是小五。这件事情如果发生在人类社会,很简单,直接把小五送回原来的家庭就可以了。可是,事情出现在滇金丝猴群中,人类不能过多干预,猴子的事得让猴子自己解决。他们唯一能做的就是继续观察。

对于小五的出现,主雄猴善泽和它的家庭成员表现得很平淡,既没有任何敌意,也没有极大的热情。善泽一家照常活动,它们从高高的冷杉树上转移到地面活动,对小五的出现并不关注。随后善泽一家到别处觅食,小五紧随其后。通常,在家庭移动的过程中,会有家长携带这个年龄段的婴猴前行。可是在移动的过程中,善泽家没有哪只猴出来携带小五。很明显,善泽家虽然不排斥小五,但也不欢迎。随后的两天山上下大雨,观察中断了。

8月15日,研究人员发现小五和善泽一家一起在地面觅食,显然它们的关系进了一步。第二天下午4点30分，善泽的雌猴（下称义母）处在哺乳期，正在照看自己的婴猴。小五凑了过来，坐在义母身边，并且伸手触摸义母的婴猴。紧接着，义母给自己的孩子喂奶。就在这时，小五也凑了过来，咬住义母的另一个乳头。义母并没有排斥小五，允许它和自己的孩子一起吃奶。

下午5点04分，善泽家开始前往夜宿地休息。和之前小五独自跟随不同，这次主雄猴善泽携带小五走了30米。8月17日，再次观察到善泽携带小五行走50米。由此看来，小五已经完全融入善泽家了。一般情况下，家庭中的主雄猴虽然对婴猴非常宽容，但是在家庭游走期间很少携带婴猴。看来善泽对小五很是关照。除了主雄猴善泽外，整个观察期间没有发现家庭中其他个体携带小五，也没有发现心明家的母猴来认领小五。

8月18日这天，不知为何，小五离开了善泽家，来到了全雄单元。此处需要解释下，滇金丝猴群（分队）由多个繁殖家庭和一个全雄单元组成。繁殖家庭是一雄多雌制，由一只主雄猴、多只雌猴及其后代组成；全雄单元则全部由雄猴组成。一般情况下，小雄猴长到3岁后，会被原来的家庭赶出去，然后加入全雄单元。而小五还不到加入全雄单元的年龄。之后，小五随着全雄单元的猴子一起游走。先后共有10次，研究人员在全雄单元看到小五。9月21日，他们最后一次看到小五生活在全雄单元里。

10月13日这一天，小五的命运出现反转，它竟然回到了出生的家庭——心明家，和它的生母待在一起。生母是否还在哺乳期不得而知，但是经常可以看到小五含住妈妈的乳头。

人类收留别家孩子，可能是出于道义、同情、政治或者其他目的，滇金丝猴中为何会出现义亲抚育行为呢？自然选择在人类中遇到阻碍，一个很重要的原因就在于文化的驯化（这有待商榷）。相比之下，动物社会要简单得多。即便如此，依旧需要用许多假说加以验证。

"母亲学习假说"认为，年轻的雌性抚育、照顾别家孩子是一种学习的过程，通过积累经验，以后可以更好地照顾自己的孩子，提高头胎的成活率。

"亲代抚育迷失"假说认为,哺乳期雌性相关的社会和激素因素可能是其进行义亲抚育的原因。

在滇金丝猴的例子中,任宝平和黎大勇博士认为其符合亲代抚育迷失假说。一方面,处于哺乳期的雌猴照看自己孩子的时候,在激素(比如催产素和催乳素)的作用下,容易和非亲婴猴形成临时的联系纽带,增加容忍度;另一方面,滇金丝猴婴猴死亡率接近60%,孤婴不可能在没有母亲关怀和抚育的情况下生存。因此,义亲抚育有利于种群的延续。

雌性的义亲抚育和社会因素及其激素分泌有关,那么雄性的义亲抚育行为该如何解释呢?在上述例子中,主雄猴善泽也对小五抚育有加。对比川金丝猴,也有过义亲抚育的现象报道,但是都发生在雌猴和婴猴之间,从来没有雄猴对婴猴的抚育行为被发现。由于观察样本有限,有很多问题还有待后续的观察和研究来解答。此处仅仅作为一种现象讲述。

不仅是滇金丝猴,向左甫教授历时5年,在川金丝猴身上也找到了义亲抚育的直接证据。向左甫团队在湖北神农架国家公园开展研究,观察发现川金丝猴幼崽中约有87%由非其生母的雌猴哺乳抚养,这主要发生在有亲缘关系的雌猴身上。2019年2月20日,向左甫团队将观察结果发表在美国《科学进展》杂志。向左甫团队在5年的跟踪观察中发现,46只川金丝猴幼崽中有40只所吸的奶水来自一只或多只非亲雌猴,这种现象主要见于幼崽出生后的头3个月。在6只未能得到异母哺育的幼崽

滇金丝猴母子

川金丝猴

中，有4只在冬天死亡；而40只接受异母哺育的幼崽中只有6只死亡。向左甫教授认为，乳汁分泌需耗费母亲的大量能量，因此多数哺乳动物母亲不愿喂养其他雌性的后代，在各种灵长类动物中，经常性的异母哺乳行为仅见于原猴、新大陆猴或人类社会，在旧大陆猴和猿类中鲜见报道。他提到，经常性异母哺乳行为出现在具有亲缘关系或者互相合作的雌性之间，且母亲允许其他雌猴在幼崽发育早期接触幼崽，是人类进化早期出现"婴儿—母亲—异母"照料关系所必需的基础。

看来孟子所谓"老吾老以及人之老，幼吾幼以及人之幼"并非人类的专利。在种群利益面前，滇金丝猴和川金丝猴也做出了类似的选择。

第 11 章

西双版纳
动物复仇记

西双版纳热带植物园位于中国云南省西双版纳傣族自治州勐腊县勐仑镇，隶属于中国科学院，是中国面积最大、收集物种最丰富、植物专类园区最多的植物园之一。2018年3月我到西双版纳热带植物园开会，走入园区如同进入一片原始森林，只有眼前的柏油马路和过往的行人提醒你，这里还有现代的基础设施。

在食堂后面的马路上，我遇见了传说中的"万蛇之王"——眼镜王蛇，可是我发现它没有传说中那么可怕。我们对视了几秒，我后退几步，它也悄然离开，友好又默契。相比于眼镜王蛇，最近亚洲象令人恼火，它们不止一次袭击过往的行人，上演了一出又一出的"野象复仇记"。在亚洲象眼中，人类是世仇，人与象的恩怨还要从20世纪说起。

与眼镜王蛇的心领神会

2018年3月15日，我在西双版纳热带植物园开完会，准备返回酒店。一只庞然大物从草丛中出来，身子的1/3在路面上，剩下2/3在草丛中。我的脑海中一下子浮现出狂蟒之灾的场面。我从来没有见过这么大的蛇！可是，我本能地叫出了它的名字——眼镜王蛇，因为我曾在纪录片中多次看到过它的身影。眼镜王蛇乃真正的"万蛇之王"，它以蛇类为食。它的毒液对其他毒蛇有效，而且它对其他毒蛇的毒液有免疫能力。眼镜王蛇的毒液虽然不是最毒的，但其释放的毒液量大，一口释放的毒液可以毒死20~30个成年人。

我害怕到了极点，完全不知所措。你看眼前的眼镜王蛇，它发现了我，却完全没有离开的意思。我之前遇见的其他动物都会纷纷躲避。此刻，我和眼镜王蛇之间有大约7~8米的距离。眼镜王蛇将身体移出草丛，估计有3~4米，它把头抬起来，立起来估计有1米，舌头伸出，发出"嘶嘶"的振动声。

此刻，我也不知道怎么办。眼镜王蛇身上的红外感应装置开始打量我这只两脚兽，它头上的红外装置可以感应到红外线，任何发光物体都逃不出它的法眼。在它眼中，我没有任何颜色，就是一只红红的两脚兽。它不需要分辨颜色，只需要看到猎物就可以了，它的眼中只有红色。

我不知道它下一步的行动如何，它分明摆出了进攻的架势。我做好了随时逃跑的准备，不敢前进一步，始终与它保持一定的安全距离。眼镜王蛇依旧抬起头，伸出舌头。它的舌头可以捕捉动物的气味，舌头分叉处可以判断猎物的运动速度，如同精确制导系统。

我不清楚它为何敌视我。是我贸然闯入它的地盘，还是它把我当成天敌？可惜我们彼此语言不同，无法直接交流。不过，我可以肯定，我不是它的猎物。我的体重是它的10余倍，即便它将我咬死，也无法吃到我的肉。更何况它制造一口毒液需要消耗很大的能量，它不会在我的身上浪费精力。我也肯定我不是它的对手，如果我激怒它，就会死得很惨。

虽然我们语言不同，不过行为是大自然的国际语言。比如，逃跑意味着投降，上前意味着侵犯。我猜测它摆出的进攻姿势只是虚张声势，它害怕我，正如同我害怕它。它想过马路，不希望被打扰，因此想把我赶走。我的猜测是否正确，可以立即验证。

我有意地往后退，想看看它会做出何种反应。如果它把我当成猎物，它就会进行追击。如果它仅仅是警告我，则不会追击。

果然不出我所料，眼镜王蛇并没有追赶我。我又往后退了几步，它转身离去。虽然我们属于不同的物种，但这一刻我们彼此心领神会。

很多人会好奇，遇见蛇怎么办？蛇类捕猎凭借的是出其不意，如果面对面，它们进攻的威力就会大减。单就移动速度和灵活性而论，多数蛇并不比人类强。再说，对于它们而言，毒液非常宝贵。因为在体内合成毒液需要消耗很大的能量，除非迫不得已，否则它们不会轻易使用自己的毒液。而我们人类不属于它的猎物。

即便如此，蛇对人类的防御和惧怕如同对待天敌。眼镜王蛇在人类眼中是万蛇之王，可是在蛇眼中，人类比恶魔还要可怕。眼镜王蛇咬死的人类和被人类屠杀的眼镜王蛇的数量相比，简直是微不足道。

亚洲象世纪复仇为哪般？

距离西双版纳热带植物园不足百里就是野象谷，最近亚洲象行凶事件闹得纷纷扬扬。2017年12月，云南省西双版纳傣族自治州境内发生了一起暴力袭击机动车事件，肇事者将数辆机动车撞翻至公路桥下。乍一看，还以为是恐怖袭击，了解实情后才知晓，这是国家一级重点保护动物亚洲象所为。在很多人的眼中，亚洲象一直是憨厚的存在。亚洲象为何会袭击机动车呢？翻阅它的档案会发现，这已经不是亚洲象第一次作案了！

2016年，亚洲象在云南勐海县踩死三人；

2012年10月30日，云南省景洪市一女子遭亚洲象袭击身亡；

2007年9月23日，西双版纳傣族自治州，一头受伤的母象毁坏庄稼，攻击路人……

为何亚洲象老爱和人类过不去？欲知人象之间的恩怨，还要从20世纪说起。

20世纪五六十年代之前，亚洲象生活的范围内人烟稀少，人与象老死不相往来。后来随着人口增加，人与象开始有了接触，不过多数情况是"十年

亚洲象
陈建伟 摄

等一回"。偶有亚洲象跑到人类活动的区域，它们非常害羞，对人类充满了好奇和畏惧。道理很简单，人类不属于亚洲象的食物和天敌，在亚洲象眼中人类和其他的动物没有多少不同，只不过是用两条腿走路的两脚兽而已。人类觉得亚洲象很新奇，也不会去伤害亚洲象。就这样，亚洲象与人类相敬如宾，睦邻友好。

到了20世纪70~90年代，中国的人口进入大增长时期，随之而来的城镇化和农业扩张疯狂地侵占了原本属于亚洲象的栖息地。据北师大张立教授的团队研究，过去40年来，亚洲象生活的天然林减少了近一半。与此同时，当地居民生活的城镇扩张了800多平方千米，农田、橡胶、茶叶的种植面积大幅度增加，尤以橡胶林的增加最甚！

人类的扩张大大压缩了亚洲象的生存空间，亚洲象不得已背井离乡寻找食物。这个时候，它们发现人类在周围种植了大量农作物。对于亚洲象而言，这可是上等的美味。它们只知道这是食物，能填饱肚子就行，不知道哪些食物能吃、哪些食物不能吃。这一吃惹怒了当地百姓。他们辛苦种植的庄稼就这样被亚洲象毁坏了，怒从心中起，恶向胆边生。于是亚洲象所到之处，村民敲锣打鼓，鸣炮奏乐，使得亚洲象无法觅食。作为回应，亚洲象开始驱赶人类，伤亡时有发生。而人类看到同胞倒下，开始了新一轮的报复。20世纪80年代，民间持枪还没有完全禁止，有些极端的村民就开始枪杀亚洲象。

冲突进一步升级，双方互有伤亡。人类痛恨亚洲象毁掉庄稼，还伤害自己的同胞。亚洲象也痛恨人类侵占它们的领地，伤害它们的亲人。此后，人与亚洲象的梁子就彻底结下了。在人类的眼中，亚洲象不再是温柔的存在；在亚洲象眼中，人类也不是善良的两脚兽，而是凶狠的恶魔。人类通过文化相传，延续仇恨的记忆。而亚洲象作为群体生活的动物，对人类的仇视也是生生不灭。"An elephant never forgets"是一条英语谚语，直译过来就是"象永不忘记"，意思是亚洲象会记仇，能够记仇其实客观上反映出亚洲象的记忆力。没有记忆，自然不会有仇恨。在动物界，亚洲象的长时记忆能力是惊人的。

1993年，科学家对两个象群做了长期的跟踪调查。象群是由雌性首领带领的，它决定象群的行进路线。在面临干旱的时候，两个象群做出不同的抉择：一个由38~45岁雌象首领带领的象群到别处找水和食物；另一个由33岁雌象首领带领的象群留在原地。9个月之后，两个象群的命运截然不同，离开的象群成员基本稳定，而留守的象群中出现了大批减员。这是因为年长的亚洲象首领回忆起33年前的那场大旱，以及它们族群当时的迁徙路线，从而幸存下来。选择留下来的族群中，首领不过33岁，没有经历过那次干旱，自然没有相关的记忆。

亚洲象之所以拥有超强的记忆力，从生理上讲是因为颞叶非常发达。从进化上看，有两个原因：其一，亚洲象本身寿命长，可达60岁，为长时间记忆创造了客观条件；其二，亚洲象过群居生活，具备个体识别能力，它们擅长记忆哪些是危险的存在。因此，一旦惹到亚洲象，后果不堪设想。

到了21世纪，随着人口进一步增加，人象冲突进入白热化。而在人类的"努力"下，亚种象成为国际濒危物种，受到国际关注。哪里有压迫，哪里就有反抗。亚洲象的栖息地被人类侵占，食物短缺。为了生存，它们必须铤而走险。人类开始自食其果，事实证明没有枪支武装的人类是无法和亚洲象抗衡的。附近的人类只能被动防守，他们在亚洲象可能出没的路线上安装摄像头，看到亚洲象出没，就用高音喇叭通知："亚洲象来了，亚洲象来了，注意躲避。"即便如此，每年还是有人被亚洲象伤害。

如今已经形成死局，人和象都进退维谷，要么人类迁走，要么把亚洲象迁走。可是，这两条路都行不通！

蜘蛛也会哺乳

2018年3月18日，我住在西双版纳热带植物园里的王莲大酒店。吃过晚饭，我戴着头灯在路边探寻。当把光打到草丛中时，我发现有很多一闪一闪、如同珍珠般亮晶晶的东西。关闭头灯后，这些亮晶晶的东西立即消失。我明白了，这一定是动物反射的光，而不是它们本身发出的光。我判断这可能是动物的眼睛反射的光。我小心翼翼地走到草丛旁边，搜寻反光的地方，可是并没有发现。如果草丛中有动物，即便我不能发现它们，它们看到我以后也会逃跑。可是，期待中的场景并没有出现。奇怪的是，我打开头灯依旧可以看到反光的物体。

我走到草丛跟前，俯下身子仔细观察，发现反光的物体就在一片草叶上，还在不停地移动。我终于找到了真相，原来是蜘蛛。蜘蛛的眼睛反射手电的光芒，如同珍珠一闪一闪。蜘蛛在叶片上不停移动，所以我看到光一闪一闪地移动。晚上是蜘蛛捕猎的好时机。古人就知道蜘蛛会结网，等待有猎物飞来，然后诛杀。然而，这些蜘蛛和之前见到的大有不同，它们并不织网。在一般人的印象中，蜘蛛织起一张大大的网，躲在里面静静等候猎物到来，然后将猎物缠住。其实蜘蛛是一个庞大的家族，它们捕猎的方式大相径庭。90%的蜘蛛以昆虫为食，少数蜘蛛会捕猎鸟类、蛇、蜥蜴和蝙蝠等。

我现在看到的这种蜘蛛正在追踪猎物。它黑黑的，身体约有0.5厘米长。不过，它的腿长长的，和身体不成比例。它在树叶中行动自如，如同电影中的蜘蛛侠。这是盲蛛，只是长得像蜘蛛而已，其实它属于蛛形纲盲蛛目，并不是真正意义上的蜘蛛。盲蛛视力不佳，依靠长长的腿来触摸物体而前进。它的腿就如同盲人的盲杖。

还有一些小的蜘蛛在树叶上来回穿梭，长长的叶片就是它们行走的高速公路。这些黑夜里的小家伙颠覆了我对蜘蛛的认识。和那些结网的蜘蛛不同，它们主动出击，寻找猎物。一旦发现，就靠它们快速移动的能力进行追捕。

一般人眼中的蜘蛛都是安静地待在自己的网里，等待猎物上钩，然后擒获猎物。殊不知，在4万多种蜘蛛中，有13%的蜘蛛是主动出击的，它们接近猎物、跳跃制敌，如同8条腿的老虎。比如：跳蛛可以跳跃6倍于身体的

合跳蛛
陆千乐 摄

距离，是名副其实的蜘蛛侠。在跳跃的过程中，跳蛛通过急性肌肉收缩来实现跳跃。研究人员通过3D CT（三维计算机层析成像）扫描跳蛛跳跃的动态和腿部的生理学数据，发现它的跳跃仅仅是基于腿部肌肉提供的力量。如果蜘蛛的跳跃方式可以在机器人中实现，就可以研发出真正意义上的蜘蛛侠。

与人类相比，跳蛛具有令人难以置信的敏锐视觉，它的前方有4只大眼睛，头顶有4只较小的眼睛。这种视觉可能允许蜘蛛掌握并帮助确定跳跃角度和时间。但这并不意味着跳蛛可以看得很远。跳蛛是近视眼，对它们而言，6厘米的距离已经是其视觉范围的上限。

一般人对蜘蛛捕猎不以为然。很多蜘蛛在家里织网，人们往往将其打扫出去。其实绝大多数蜘蛛并不善于在家里捕猎。蜘蛛更善于在草原和森林捕猎，它们在森林和草原的捕猎贡献的食物量占总量的95%，而在农田的捕猎量不足2%。一些人看到蜘蛛会感到恶心，这是因为人们往往容易从感性出发认识动物，以貌取虫。蜘蛛们虽然常常个头不大，它们的胃口可不小。据生物学家统计，全世界大概有45 000~48 000种蜘蛛，它们每年可以吃下约4亿~8亿吨重的食物。这一数据已经超过了全世界所有人类的体重的总和！对比一下，鲸类号称体型最大的哺乳动物类群，每年消耗的食物大约在2.8亿~5亿吨之间，比蜘蛛们少。蜘蛛的主要食物来自昆虫，它们是捕虫能手。蜘蛛和其他的食虫动物（比如蚂蚁、鸟类）一起控制了昆虫的种群密度。因此，蜘蛛在维持自然生态平衡方面扮演了重要的角色。没想到小小的蜘蛛竟然拥有如此大的能量，看来动物也不可貌相。

成年的蜘蛛以肉食为主，幼年的蜘蛛吃什么呢？

中科院西双版纳热带植物园研究员权锐昌及其博士后陈占起发现，大蚁蛛能够通过哺乳抚养后代。这一发现颠覆了人们对哺乳动物的定义。陈占起通过观察发现：新孵化出的幼蛛会吸食其母亲从生殖沟分泌出的液滴，并且在最初的20天之内完全依赖这种液体存活。研究人员将该液体称为"蜘蛛乳汁"。成分测定结果表明，"蜘蛛乳汁"的蛋白质含量是牛奶的4倍左右，而脂肪、糖类含量低于牛奶。20日龄的幼蛛体长可达到其母亲的50%左右。出生后20~40天，幼蛛会自己外出捕猎，也会继续从母体吸食"乳汁"，为"断奶"前的过渡期。约40日龄起，幼蛛完全断奶，此时的幼蛛体长已经达到成年个体的80%。

蜘蛛看似弱小，却在生物进化的历史长河中经历了地球环境的巨变，经受住各种动物的攻击和捕食，一直繁衍和发展到现在。它们既无凶猛的牙齿和脚爪御敌，也少有灵活机动的逃跑方式。它们的存活之道异常艰难，也因此有了精彩纷呈的生存技能。

第 **12** 章　　**荒野新疆**
只有荒芜的土地，没有荒凉的生命

2011—2013年，我在中国科学院新疆生态与地理研究所攻读硕士学位，在此期间跟随马鸣老师，几乎跑遍了新疆。在世人眼中，新疆拥有一望无际的荒漠戈壁，只有最坚强的植物和最具耐力、最富生命力的动物才有资格获得生存的权利。这里的生命通过自然选择、优胜劣汰，在长期的进化和演替过程中，形成了适应特殊环境条件的能力。诸如赤狐、沙蜥、鹅喉羚之类的动物，通过特别的形状和功能器官，以及独特的行为方式，表现出对沙漠环境的多种适应，上演了荒漠中的生命奇缘。

远离人类的地方才是生存的天堂

罗布泊是亚洲中部最干旱的地区，也是塔里木盆地中水和盐分的聚集地，凡是到过罗布泊的人，多会为眼前这片荒凉的土地震惊：这里的盐壳几乎和石头一样坚硬，没有淡水，有的只是零星散布的又苦又咸的盐泉。这里冬季奇冷，寒流袭来时，气温可降到零下40摄氏度；而夏季又出奇地热，地表温度最高可达70摄氏度以上。一年四季常常狂风大作，飞沙走石。这里的大部分地区寸草不生，只有盐泉附近长着稀疏的盐生植物，比如沙拐枣、骆驼刺。

这片看似荒凉的土地，却是野骆驼赖以生存的家园。野骆驼是如何在这荒无人烟的罗布泊地区生存下来的？

这就要从野骆驼自身说起，它们身上的一切构造都是为了适应沙漠而存在。在沙漠中生活，必须具备防风沙的功能。野骆驼鼻孔中有瓣膜，能随意开闭，既可以保证呼吸通畅，又可以防止风沙灌进鼻孔内。更为神奇的是，从鼻子里流出的水还能顺着它的鼻沟流进嘴里。它耳壳小而圆，可以折叠，内有浓密的细毛阻挡风沙。它眼睛外面有两排长而密的睫毛，并长有双重眼睑，两侧眼睑均可以单独启闭，在弥漫的风沙中仍然能够保持清晰的视力。再看野骆驼的毛发，它背部的毛有保护皮肤免受炙热阳光照射的作用。野骆驼全身的淡棕黄色体毛细密柔软，但均较短；毛色也比较浅，没有其他色型，与其周围的生活环境十分接近。每年5~6月换毛时，旧毛并不立即褪掉，而是在绒被与皮肤之间形成通风降温的间隙，从而助其度过炎热的夏天。直到秋季新绒长成以后，旧毛才陆续褪掉。野骆驼背上最显著的

野骆驼

特征是生有两个较小的肉驼峰，下圆上尖，坚实硬挺，呈圆锥形；峰顶的毛短而稀疏，没有垂毛。过去，人们曾认为驼峰是贮水的器官。后来的研究表明，那里存储的是"能量"。驼峰的成分主要是脂肪和结缔组织，隆起时蓄积量可高达50千克，在饥饿和缺乏营养时逐渐转化为身体所需的能量。

此外，野骆驼还具有适时变化的体温，傍晚时体温升高到40摄氏度，在黎明时则降低到34摄氏度，从而适应沙漠地带一天中较大的温差。野骆驼的四肢细长，与其他有蹄类动物不同，它的第三、第四趾特别发达，趾端有蹄甲，中间一节趾骨较大，两趾之间有很大的开叉，是由两根中掌骨所连成的一根管骨在下端分叉成为"丫"字形，并与趾骨连在一起；外面有海绵状胼胝垫，增大接触地面部分的面积，因而能在松软的流沙中行走而不下陷，还可以防止足趾在夏季灼热、冬季冰冷的沙地上受伤。此外，它的胸部、前膝肘端和后膝的皮肤增厚，形成7块耐磨、隔热、保暖的角质垫，以便在沙地上跪卧休息。不仅身体的构造适应沙漠的环境，野骆驼在行为方式上也深深打上了沙漠的烙印。

在沙漠中生活一定要耐得住饥渴。野骆驼很耐渴，能够很长时间不喝水。野骆驼耐渴的机理尚未完全搞清楚，一般认为有以下原因：一是在有水的情况下，它可以一次畅饮10多千克，水在胃内被贮存起来；二是它的血浆中有一种特殊的蛋白质，可以维持血浆中的水分；三是它的鼻腔黏膜面积很大，能防止水分流失；四是它的体温昼夜差别竟达6摄氏度，所以能够通过调节体温来控制水的消耗。此外，它很少出汗，排尿也较少；粪便干燥，含水极少；呼吸次数少，从不开口呼吸。因此，它在夏天可以几天甚至几十天不喝水。除了耐渴，野骆驼还练就了喝咸水的本领。野骆驼的食物多种多样，沙漠中生长的棱棱草、狼毒、芦苇、骆驼刺等贫瘠的沙漠植物都是它们充饥的食粮。它们吃饱后就找一个比较安静的地方卧息反刍。恶劣的生活环境使野骆驼练就了非凡的适应能力，具有许多其他动物没有的特殊生理机能，不仅耐饥、耐渴，也耐热、耐寒、耐风沙，有"沙漠之舟"的赞誉。

由于野骆驼外形酷似家骆驼，不少学者认为它是家骆驼野化的种群。北京动物园副园长张金国对野骆驼和家骆驼的血液成分进行了对比，发现野骆驼的遗传基因与家骆驼有明显差异。野骆驼一般结群生活，夏季多呈家庭散居，至秋季开始结成5~6峰或10多峰的群体，有时甚至达到100峰以上。在沙漠中迤逦行走时，成年骆驼走在前面和后面，小骆驼则排在中间。野骆驼常常沿着固定的几条路线觅食和饮水，我们称之为"骆驼小道"。野骆驼非常机警，视觉很好，听觉灵敏，能听到很细微的声音。为了找到水源与食物，野骆驼要经过200~300千米的长途跋涉。吃饱喝足后，它们会马上离开，生怕有意外发生。如遇危险，它们便会立即狂奔而去。即便是如此小心翼翼，它们还是经常碰到天敌。目前，野骆驼的敌人主要是狼和人类。狼是野骆驼的主要天敌，在中蒙边境分布区，狼群危害是野骆驼数量下降的主要原因。由于狼的捕猎，蒙古国境内的野驼幼崽成活率很低。在繁殖期，每个骆驼群由一峰成年公驼和几峰母驼及未成年幼驼组成，有固定活动地带，除非季节转换时才进行几百千米的长途迁徙。另外，公驼一旦到了两岁左右，就会被逐出种群，它们要去别的种群争夺领导权。

野骆驼的繁衍在自然的优胜劣汰中进行，能够适应严酷生存环境的个体才可以存活下来。每年1~3月是野骆驼的发情季节，这时雄驼的性情极其暴躁，常常不吃不喝，甚至连觉也不睡。一个驼群之中只能有一峰雄驼，其他雄驼要被赶走。如果两个驼群偶尔相遇，双方的雄驼绝不相容，会立刻冲出来相互撕咬。它们之间的打斗别具特色。雄驼争斗时，主要是将头部伸到对方的两腿之间，绊倒对方后再用嘴撕咬，直到有一方甘拜下风。此外，在打斗中野骆驼还有一个绝招，发怒时会向对方喷吐唾液和胃里的东西。打斗结束后，带着余威的战胜者便领着两群雌驼离去。这时常常见到单独行动的野骆驼，往往是求偶争斗的失败者。也有发情的雄性跑到家骆驼群里，与雌性家骆驼交配的情况发生。雌驼每两年繁殖一次，怀孕期为12~14个月，翌年3~4月生产，每胎产一仔。幼崽出生后两小时便能站立，当天便能跟随双亲行走，直到一年以后才分离。在野骆驼产崽期间，若母骆驼或驼群受到惊吓，驼群会迅速离去。年幼体弱的幼驼就会被落下，最终饿死或被狼吃掉。这也是野骆驼成活率低的主要原因之一。

野骆驼曾存在于世界上很多地方，但至今仍有野骆驼生存的，仅有蒙古国西部的阿塔山和中国的西北一带。这些地区都是大片的沙漠和戈壁等"不毛之地"。野骆驼的生存环境非常恶劣。阿尔金山北麓、罗布泊、塔克拉玛干沙漠及中蒙边境的阿尔泰戈壁滩，是它们仅有的四大栖息地。研究表明，在人口稀少的古代，整个中亚到西亚东部的低海拔丘陵及平原地区，西起里海，东达陕西黄河，南到青藏高原北部，北至贝加尔湖，都有野骆驼分布。近些年的人类活动侵占了野骆驼的水源地，造成水源地的污染和生态植被的破坏。野骆驼的生存正面临威胁，分布区迅速缩小。天灾人祸使野骆驼的数量迅速减少，100年前还有1万多头，20世纪80年代锐减到2 000~3 000头，目前只剩下不到1 000头。全球范围内，以保护野骆驼为主的自然保护区有三个，其中两个分别为中国的新疆罗布泊野骆驼国家级自然保护区和甘肃安南坝野骆驼国家级自然保护区。其中，新疆罗布泊野骆驼国家级自然保护区是中国最大的沙漠类型自然保护区，也是世界上野双峰驼的模式标本（建立种级新分类单元时依据的标本）产地和血统最纯的分布区位。2015年，中国科学家和联合国环境规划署专家在经过多次深入考察后得出结论：据科考人员多年观察记录，目前在新疆罗布泊野骆驼国家级自然保护区内大约有接近600峰野骆驼，比1995年增加了近20%，占全球野骆驼总数的60%。新疆野骆驼保护协会会长王新艾2016年4月22日证实，他们在罗布泊野骆驼保护区考察时拍到一群25峰左右的白色嘴唇的野骆驼，这是世界上的首次发现。至于为何会出现这种情况，有白色嘴唇的野骆驼是新的物种，还是生病所致，抑或是环境改变造成的，仅凭照片无法做出判断。但有一点可以肯定：这是世界上第一次观察到野骆驼有白色的嘴唇，而且种群庞大。

曾经的罗布泊是人类文明的摇篮，著名的楼兰古国就在此地繁荣昌盛。此后，随着环境变迁，人口压力增大，人为活动加剧，人类的足迹被掩埋在荒凉的戈壁里。罗布泊也因此成为人类眼中的死亡之地。可是，和人类眼中不同，动物眼中的罗布泊蕴藏着生命的气息。野骆驼就在这片贫瘠的土地上世代生存繁衍，或许在它们眼中，远离人类的地方就是生存的天堂。

曾经拥有 4 只眼睛的蜥蜴

我在卡拉麦里山有蹄类自然保护区考察期间，可以经常见到戈壁滩上行走如飞的沙蜥。这种蜥蜴是沙漠中为数不多的爬行类之一，古尔班通古特沙漠白天常见的蜥蜴就是沙蜥。同荒漠中的植物一样，在沙漠中生存的沙蜥也

沙蜥

有自己的独到之处。所有的沙蜥都生活在干旱环境下，这一环境的特点是干旱少雨，昼夜温差大，多风和沙尘，缺少地表水，地表多沙。沙蜥进化出了一系列适应特征。

第一，不饮水。沙蜥直接从食物（多为昆虫）中获得生理代谢所需的水分。排泄尿酸后，直肠能再吸收即将排出的粪便中的水，排出含水量极少的粪便。

第二，皮肤具有感受器，能吸收空气中的水分，感知温度和风速。

第三，上下眼睑鳞外缘突出而延长，鼻孔内具有活动的皮瓣，与上下睑鳞在闭眼时紧密合拢，防止刮风时沙粒灌入鼻和眼。

第四，爪锐利，趾适于挖沙，趾具栉缘，适于在沙地上行走。

第五，沙蜥背部颜色随栖息基底的颜色而变化，一般是黄灰褐色。

第六，头大而平，顶眼发达，利于早晨在洞口吸收太阳能，快速升高体温。

除了独特的身体结构外，它们的生存策略大可用一个字来概括，那就是"隐"。很多时候，我看到沙蜥在地面上驰骋，却不知它们来自何方。循着它远去的方向，我一路追索，发现它消失在一株梭梭下面，可是我怎么也找不到。无奈之下，我只能打草惊蜥，这时它猛然逃窜出来。原来是沙蜥一身"沙漠迷彩"，将自己伪装起来，和沙漠一个色调。只要它不动，即使它就在你的面前，也很难发现它们的存在，这对于捕猎和逃避天敌大有裨益。

沙蜥大多以沙漠中的昆虫为食，它们捕猎时所坚持的原则就是"悄悄接近，出其不意，攻其不备"。要想成功，必须保证一个前提，那就是"发现敌人的时候，不会被敌人发现"。这时候，它们身上的隐身衣就发挥了作用。

除了捕猎外，沙蜥避敌大大依赖于身上的隐身衣。沙漠中沙蜥的天敌着实不少，有空中的伯劳、地鸦，以及地面的蛇类。虽然沙蜥的动作比较敏捷，但比起空中的天敌和同样奉行"偷袭至上"的蛇类，它的技巧就略显单薄了，要成功避敌还得靠"隐"。面对天敌，沙蜥的第一反应也是逃跑，准确地讲叫作"战略性转移"。附近有"防空洞"的话那是最好，没有的话，它们会躲到附近的植被或者是沙丘下，一动不动，凭借自己独特的隐身衣来躲过敌人的追踪。

除了捕猎和避敌，沙蜥的隐字诀也会被用来规避外界的环境风险。尤其是夏季的时候，沙漠中的温度极高，煮熟鸡蛋都是轻而易举的事情。如果不想变成烤沙蜥，最好的办法还是隐藏起来。这个时候沙蜥通常白天躲在洞中或者阴凉处，早晚再开始活动。沙蜥成了"隐"君子。

令我好奇的是，沙蜥眼中的人类是什么样子的？

我仔细盯着眼前的沙蜥，没有惊动它。我发现它的眼睛一动不动。沙蜥的眼睛和哺乳类完全不一样，它们的眼睛无法移动，只能通过调节眼睛周围的肌肉，改变晶状体的形状来适应近处和远处的景物。

不过，蜥蜴已灭绝的祖先曾经长有4只眼睛。科学家对一块出土于20世纪70年代的古蜥蜴化石进行研究，这只蜥蜴被称为肯塞萨尼瓦蜥，生活在4 900万年前。它长有4只眼睛，多出来的2只位于颅骨顶部。那么多出来的眼睛有何用呢？多出来的眼睛其实并不是用来看东西的，而是松果体和松果旁体。这两只"假眼"可以调节动物的睡眠和繁殖周期，还起到类似指南针的作用，可以辨别方向。

在视觉上，沙蜥对颜色的敏感度远远高于人类。蜥蜴作为变温动物，能够迅速改变体色，是爬行动物中体色最为多样的一类，而且一些种类成体的体色存在明显的两性异形现象。对于沙蜥而言，颜色作为一种视觉信号，对动物的繁殖和行为策略都起着十分重要的作用。因此，在长期的生存过程中，沙蜥对于颜色格外敏感，可以察觉人类无法看到的细微变化。

赤狐：由乡村到城市的转移

自从2014年离开新疆后，我陆陆续续到过中国南方的30余个保护区，可是都没有发现赤狐的踪迹，只是偶尔在红外相机上看到它的身影。我对赤狐的印象还是停留在卡拉麦里。大概是夏季的某一天，我们的车行驶在戈壁滩，车外一只瘦弱的赤狐在一路小跑。它不害怕我们的车，唯独惧怕车里的人。只要我们不下车，它是不会刻意躲避的。我们把车速降下来，它跟了一阵，转到右前方的沙丘后，消失在我们的视野中。

我看到了赤狐，却不知道它是否看到了车上的我。赤狐的视力比较神

奇，无论是白天还是夜晚都可以发挥作用。人们在晚上寻找赤狐非常困难，它却可以看清楚人类而远远避开。赤狐是犬科动物，却长着猫科动物的"1"字眼。当光线透过赤狐的视网膜，到达眼球后部的虹膜时，会被虹膜再次反射到视网膜上成像，这就是它在夜晚也能借助微光狩猎的原因。如果仔细观察，你会发现赤狐拥有竖着的瞳孔——鳄鱼和某些蛇类也拥有这样的眼球结构。竖着的瞳孔

就好像是虚掩的门，必要时可以开得很大，让更多光线进入眼中；而白天光线太强的时候，就可以把这扇眼睛的门关紧一些，不容易造成炫目而影响活动。这种结构的瞳孔比收缩放大型的圆形瞳孔有更大幅度的变化，因此可以适应各种光线条件。

不仅是视觉，赤狐的听觉也很出色。赤狐的耳朵超级灵敏，可以独立旋转150度，监听周围的风吹草动。即使是在白雪皑皑的冬季，视觉和听觉都

起不到作用，赤狐也有办法成功捕猎。它们体内有独特的磁感应装置，可以感应地球的磁场。科学家研究发现，赤狐的亲戚——北极狐，在雪地捕猎雪下面的猎物的整体命中率为8%。当它们面向东北方发出攻击时，命中率可以达到73%。这其中的奥妙隐藏在磁场中。北极狐的眼睛内含有隐花色素，可以感知地球磁场，在北半球磁场向下，向东北方向发出攻击可以寻找与地球磁场的最佳匹配点，计算需要跃出多远可以擒获猎物。北极狐是已知的第一种利用磁场捕猎的动物。

在人类眼中，赤狐一直是一种神秘的存在，千百年来关于赤狐的传说不胜枚举。最初的时候，狐狸是一种祥瑞之兽，是繁衍昌盛的象征。汉代班固所著《白虎通义》中，把狐狸当作"子孙繁息"的德兽。在汉代石刻画像中，狐狸与白兔、蟾蜍、三足乌并列在西王母座旁。《宋书·符瑞志》则说："白狐，王者仁智则至。"《孝经援神契》说："德至鸟兽，则狐九尾。"大约在北宋后期，狐狸渐渐被妖魔化，成为"媚惑"的象征。

几百年来，面对人类的冲击，自然界的许多物种正在以不可思议的速度消失。狐狸反其道而行之，慢慢找到了一条与人类和谐相处的道路，适应了城市化的进程。赤狐在乡村和城市拥有完全不同的生活方式。赤狐在乡村挖洞，将巢穴建在洞中；在城市里，它们却很少这么做，而是利用人造洞穴。不仅如此，在城市中生存的赤狐还调整了自己的食谱，比如以人类的食物残渣为食。寻找食物不算难事，城市里的赤狐可以把更多的时间用在社交上。在城市生存的赤狐，领地要小得多——它们在乡村的领地比城市大500倍。在城市生活的赤狐学会了彼此适应，因为食物多，没有必要为了争夺食物浪费体力。不过食物残渣会带来大量病菌，理论上会导致它们生病。赤狐在长期的适应中，进化出了更复杂的免疫系统。赤狐已经在城市中繁衍和扩张。以前，赤狐在城市中生活是英国伦敦特有的现象，现在美国纽约、悉尼和俄罗斯的莫斯科都发现了赤狐生存的痕迹。过去灰狼是分布最广的哺乳动物，现在是赤狐。

在人类眼中，赤狐的身份和地位不断发生变化，从之前的祥瑞之兽到妖狐，再到如今的保护动物。从另一个层面上看，赤狐眼中的人类也在发生变化，它们从对人类的极度惧怕到渐渐适应城市化的进程，这或许是人与动物和谐相处的一个典范。希望不久之后，中国的各大城市中也能看到赤狐的身影。

当年惊吓成吉思汗的野马安在？

行驶在卡拉麦里南部的戈壁，可以看到一群似马非马、似驴非驴的有蹄类动物，三五成群，或觅食，或奔跑。它们就是放归后的普氏野马。普氏野马可大有来历，10世纪时西藏的僧人就描述过普氏野马。据《蒙古秘史》记载，在1226年左右，成吉思汗的马曾被一群野马惊翻。

普氏野马体型健硕，体长2.8米，身高1米以上，体重约为300千克；形似家马，但额头没有"刘海"，鬃毛短而直立，马尾呈束状；四肢短粗，常有2~5条明显的黑色横纹，小腿下部呈黑色，俗称"踏青腿"。

为何它们被称为普氏野马？这还要从它的发现说起。19世纪后半叶，沙俄军官普热瓦尔斯基率领探险队先后三次进入中国新疆地区，在准噶尔盆地奇台至巴里坤的丘沙河、滴水泉一带采集到了野马标本，并将捕获的野马运回圣彼得堡，交由其科学院动物博物馆研究。沙俄学者波利亚科夫在1881年正式将野马标本定名为"普氏野马"。

100多年前，普氏野马曾成群结队地驰骋在广阔的戈壁滩上。19世纪末20世纪初，来自英、俄、法、德等国的探险队大规模捕猎普氏野马，对其进行圈养。到了20世纪60年代，蒙古国野外的普氏野马灭绝了，奔腾在中国准噶尔荒原上的最后的普氏野马也销声匿迹了。如今仅存的普氏野马，都是19世纪末20世纪初英、俄、法、德等国的探险队捕捉和圈养的普氏野马

普氏野马
邢睿 摄

后裔。

在第二次世界大战之前，世界上圈养的普氏野马有40~50匹，分布在15~20个动物园和私人庄园里。经历了第二次世界大战后，仅有31匹存活，其中只有12匹成功繁衍，有一匹还被怀疑是普氏野马和蒙古家马杂交的后代。现今，全球圈养和野放的普氏野马都是这些野马的后代。

1977年，普氏野马保护基金会成立。在其帮助下，第一批共16匹普氏野马在1992年被放归蒙古草原。在国内，中国政府从1986年开始规划"野马还乡"工作，11匹普氏野马从遥远的欧洲回到阔别已久的家乡。到了2000年，新疆吉木萨尔的普氏野马繁殖研究中心里普氏野马的数量已达百匹以上，野放的时机已经成熟。从2000年5月起，动物及环境专家经多次勘测，将新疆卡拉麦里山有蹄类野生动物自然保护区北部的乌伦古河南岸一片面积达数万平方千米的戈壁草原确立为放归点。在100多年前，这里是普氏野马最后消失的地方。2001年，27匹普氏野马走进准噶尔荒原，它们在卡拉麦里的恰库

普氏野马
邢睿 摄

尔图镇小心地向外扩展着本应熟悉的领地。至此，野马的故乡结束了无野马的历史。

现在生活在新疆卡拉麦里山有蹄类野生动物自然保护区的普氏野马，等到3岁以后就会被放归到大自然。不用人类调教，放归后的野马很快便组建了自己的家庭。一个野马家庭由1匹公马、1~3匹母马以及它们的小马驹组成。家庭可以组成更大的马群，由强壮的雄马担当首领，结成5~20匹的群，过着"游牧"生活。幼马长到3岁左右性成熟后，母马离开原家庭，加入另一个家庭繁衍后代，而公马加入"单身汉"家庭，继续生活1~2年。公马5岁开始繁殖，它必须打败一个种群的公马，或者偷会一个种群中的一匹或多匹母马。

普氏野马重新回到准噶尔荒漠，它们面临的最严峻的生存问题就是能否在干旱的夏季找到水源，在严寒的冬天抵抗寒冷。显然，它们从祖辈那里继承的基因给了它们足够的适应能力。放归后的普氏野马耐渴能力很强，可以忍受3~4天不喝水。它们的嗅觉也异常发达，可以在风中辨别水的气息，从而找到荒漠中还未干涸的水洼。到了冬天，普氏野马的毛发长得又长又粗，像是穿上一件厚重的毛衣。普氏野马生性善于奔跑，辽阔的卡拉麦里荒漠才是它们纵横驰骋的舞台。

普氏野马以荒漠上的芨芨草、梭梭、芦苇、红柳等为食，冬天能刨开积雪觅食枯草。野马群中的个体在进食之后常互相清理皮肤，轻轻地啃舔对方的鬐甲、肩部、背侧、臀部等；有时也进行自身护理，比如打滚。野马借助声音和气味，以及抿耳、刨地、啃舔等行为进行交流。不过，普氏野马也面临着一些问题。经过这么多代人工繁殖，它们的基因是否严重退化？除此之外，人类的干扰也使它们容易家化。野马和家马杂交繁殖的情况也无法避免。野马何去何从？唯有时间能见证。

正当人们庆祝普氏野马重归野外之际，2018年2月22日美国《科学》杂志刊登的一项新研究表明：此前普氏野马被认为是仅存的野马，但它们其实是驯化马的后代，世上已经再无野马。普氏野马的祖先早在大约5 500年前就已经被哈萨克斯坦北部的波泰人所驯化。后来，普氏野马的祖先从人类圈养的环境下重新逃到野外，一直存活下来。波泰人是游牧民族，也是历史上最早驯化野马的民族之一。一直以来，波泰马被认为是现代家马的祖先，其实它们是普氏野马的祖先。马的谱系表明，普氏野马和现代的家马很久以前就已经分化。

被驯化后再次野化成为野马，和那些一直没有被驯化的野马究竟有何区别呢？

表面上看，野化似乎就是驯化的"倒带"。但是，野化过程中会演化为与野生祖先不同的变种。这个变种会获得一些它们祖先的性状，但同时也会保留一些人类选择的特性。

普氏野马的命运可谓一波三折。无论是卡拉麦里土生土长的野马，还是后来逃逸的波泰马，或者是如今放归的普氏野马，野生动物只要和人类扯上关系，其进化之旅就注定是剪不断、理还乱。

普氏野马
邢睿 摄

蒙古野驴奔腾在准噶尔盆地

蒙古野驴分布在亚洲荒漠及荒漠草原，是亚洲中西部荒漠景观环境中的代表性物种。在茫茫戈壁滩寻找蒙古野驴是一件艰难的工作。我们在丘陵间绕了许久，都没有发现它们的踪迹。就在几乎要放弃的时候，它们出现在前方的山坳。蒙古野驴善于奔跑，就连狼群都追不上它们，但可能是出于好奇心，它们常常追随我们的汽车，前后张望，胆大者还会跑到帐篷附近窥探，这就给了我们抵近观察它们的机会。

蒙古野驴

新疆卡拉麦里山有蹄类野生动物自然保护区地处北半球中纬度，位于欧亚大陆腹地，受北温带气候和北冰洋冷空气的影响，干旱少雨，属于典型的荒漠戈壁，长有稀疏的植被，然而这里是蒙古野驴的"天堂"。我曾在准噶尔盆地沙漠与戈壁交界处的吉拉沟附近看到8匹蒙古野驴。奇怪的是，望远镜中这些野驴身上都有些损伤的痕迹，这是它们争斗的结果。马科动物擅长争斗，蒙古野驴雄性个体无论成幼，皮肤几乎都有损伤的痕迹，可见争斗普遍存在。它们集群生活，一个小群体内有一头成年雄性作为头驴。族群内部的打斗多发生在头驴与雄性亚成体之间。这是由于蒙古野驴的族群中只能有一头成年雄性，族群中的雄性亚成体在性成熟前要被赶出群体。这时，雄性亚成体有强烈的恋群行为，因为家族群中有它的母亲，这是它生长发育的摇篮。头驴很可能是亚成体的父亲，但即便如此，它也丝毫不留情面。亚成体被头驴逐出后，会继续在族群周边活动。我们几次寻找蒙古野驴，都是在水源附近30千米范围内发现的，戈壁上水的重要性进一步凸显，有水的地方便有生命。

我们看到驴群的时候，它们基本都在觅食。7~10时和16~18时是两个明显的取食高峰。它们长时间觅食，主要是由于当地的自然环境为干旱的半荒漠草原，植物生长期短，植被覆盖度低，取食难度大，耗时多。在冬季，蒙古野驴取食的大部分植物数量和质量都降到最低点，而大风和积雪又增加了能量消耗。冬春季，蒙古野驴用于取食的时间远多于夏秋季，几乎一整天都在觅食或走在觅食的路上。生活在这荒凉的土地上，蒙古野驴被迫取食一些适口性很差的食物，如芸香科、大戟科、藜科和蔷薇科植物。而这些食物的粗蛋白、粗脂肪含量都比其他草原上的植物低很多。依靠这些食物，蒙古野驴仅能解决温饱。它们用力采食植物的地上部分，有时也用蹄子刨食植物的根。从卡拉麦里保护区野驴的食性分析，野驴一般取食栖息地内丰富度较高的植物种类，它们首先需要满足能量和营养的基本需求。

蒙古野驴在移动时很有秩序，喜欢排成一路纵队而行。在草场、水源附近，蒙古野驴经常沿着固定路线行走，在草地上留下特有的"驴径"。驴径宽约20厘米，纵横交错地伸向各处。聪明的蒙古野驴在干旱缺水的时候，会在河湾处选择地下水位高的地方"掘井"，即用蹄在沙滩上刨出深半米左右的大水坑，当地牧民把这些大水坑称为"驴井"。上午取食高峰结束后，蒙古野驴还要睡午觉。它们可以站着睡觉，静止站立是蒙古野驴的一种休息方式，有时长达数十分钟。野外观察发现，大风雪和沙尘暴发生时，蒙古野驴头迎着风向站立；而在夏季中午，它们站立时头指向太阳。当然它们也会卧息，野驴常常多个体聚卧在一起，相距很近，身体腹部着地，四肢收于腹下，背向正上方。

完善的预警体系

在茫茫戈壁生存，除了食物短缺、天气恶劣，蒙古野驴还要时刻面对天敌的威胁。天敌主要来自狼群和一些偷猎者。在长期的生存过程中，蒙古野驴有一套自己的预警体系。我们观察到蒙古野驴在取食时非常机警，每隔一秒便抬一次头，一边咀嚼、吞咽，一边环视四周。若感觉有异常情况，例如我们的车辆出现，它们会突然停止取食，头颈高举，目光直视，耳向前竖立、频繁转动，尾紧收，随后身体做出逃窜闪躲的姿态。它们是在以这种方式来警示群体中的同伴，传递一种信息：发现附近有可疑人员活动，做好撤离的准备。

蒙古野驴不会盲目逃跑。它们通过视、听、嗅的方式来确定危险的方向和危险大小，根据对危险的判断决定下一步行动。它们先站立不动，举头四下张望。如果目标相距较远而且不动，蒙古野驴会继续先前的活动，同时抬头观望、转动耳郭静听和仰头抽鼻嗅闻。抽鼻嗅闻是蒙古野驴的特殊预警行为。它们停止走动、吃草等其他方式的运动，站立不动，在小幅摆动头的同时，耳朵向不同方向转动，捕捉各种声响，对声源方向和性质做出判断。

当感到附近有威胁靠近时，蒙古野驴会向周围的同伴个体发出危险警告，分为警惕站立、打响鼻、运动示警和仰头示警等类型，其中以打响鼻最具特色。蒙古野驴打响鼻时，头颈高举，头极度后仰，极短而猛烈地呼气，振动鼻翼发出特别的"噗—噗"声响。当群体中的个体都发现有危险存在时，它们突然四蹄蹦跳，转身逃跑，同时突然发出声响，向同伴示警。当群体与危险之间超出警戒距离后，示警者才低下高仰的头，表示警报解除。

当蒙古野驴感到威胁迫在眉睫时，它们会立即逃跑。不过，逃跑也是有讲究的。在群体中有示警信号出现后，分散采食的个体会全部停止取食，边观察边聚集。当危险来临时，蒙古野驴在雄性头驴的带领下迅速逃跑。如果一个小群开始逃跑，附近群体也会受到影响开始逃跑，而且参加逃跑的群体数量迅速扩大。在逃跑时，群体由成年头驴带领，随后是亚成体，最后是带幼体的母驴和幼崽。母驴用自己的身体将幼崽挡在危险出现的反方向，逃跑时母驴总是在危险与幼崽之间。由于幼崽速度慢，即使与群体有了明显的间隔，母驴也会放慢速度，带着幼崽逃跑。跑出一段距离后，头驴回头对着危险出现的方向，直颈举头，双耳后背，目光直视，突然冲向危险出现的方向，在短距离跑动后站立注视。这是蒙古野驴的一种示威行为。

蒙古野驴能有效御敌于"千里之外"，得益于它们发达的听觉、视觉和嗅觉。蒙古野驴的听觉很发达。当我们在车上看到蒙古野驴时，无论是群体还是单独活动的个体，它们的体姿均是头向着车来的方向，伸颈抬头，双耳直立前向。当发现来车后，它们马上转头逃跑。如果我们在水源附近发现蒙古野驴在饮水，群体中每一个体都会不时抬头四处张望。当环境中出现小的异常声响时，它们并不会立即逃走，而是全体成员都抬头竖耳，凝神静听，好像是在判断异常声响是否构成威胁。

敏感发达的视觉器官，也是蒙古野驴发现环境异常的主要凭借。我们在野外借助高倍望远镜远远看到它们时，蒙古野驴其实也在举头观望着我们。此时，蒙古野驴并不逃跑。当我们继续向驴群接近时，举头观望和参加观望的蒙古野驴明显增多，并且快速远离我们。当我们原地不动或就地坐下进行观察时，驴群边走边吃，不时举头观望。随着驴群与我们的距离增加，观望速度明显减慢。

蒙古野驴的嗅觉也很灵敏。我们在水源附近采用挖坑的方式进行潜伏观察时发现，它们即使见不到人，也能通过嗅到的异常气味来判定危险的存在，而且顺风时发现潜伏者的距离明显大于逆风的时候。

求偶期的争斗

蒙古野驴喜欢集群活动。春夏季，蒙古野驴结成家族性小群体活动，群体中只有一头成年雄性个体（族群的头驴）和一部分雄性亚成体。在争斗中失去头驴地位的成年雄性个体多单独活动。秋冬季，蒙古野驴聚集成大群活动。

蒙古野驴的社群–交配制度属于松散领域型，交配期通过争斗占据领域或占有雌性组成的繁殖群，不受血缘远近的限制。雄性蒙古野驴4岁性成熟，雌性3~4岁生育头胎。它们每年7月初开始交配，翌年从6月中旬到7月中旬为产崽高峰期，每胎一崽，孕期11个月。

蒙古野驴有两种占域方式：一是成年雄性各自拥有固定领域，该区域常靠近水源，能够吸引雌性；二是没有固定领域，但占有一定数量的雌性，其领域仅为雌性所在的地方，并随之移动。无论是哪种占域方式，其目的均为

获得交配权，只有胜者才拥有交配权。每到发情期的时候，雄性间的争斗异常激烈。头驴频繁驱逐、撕咬家族群内雄性亚成体。此外，外来入侵的成年雄性也会与雄性头驴发生争斗。从7月上旬开始，发情的流浪雄驴与头驴每天争斗一至两次，争斗持续时间为一周。争斗的过程比较惨烈，两头驴通过撕咬、刨扒和踢等动作进行争斗。雄性头驴与外来入侵的成年雄性个体之间最常用的招式就是撕咬，它们会相互撕咬对方的颈部、背部，有时候连臀部和鼠蹊部也不放过。撕咬适合近距离的贴身格斗，如果距离稍远，那么雄性个体间会用单只前蹄相互刨。如果一只前蹄刨不过瘾，它们会直立身体，用两只前蹄相互刨扒。不仅前蹄能刨，它们的后踢依旧具有杀伤力——它们还会使用单只或两只后蹄同时向后踢。打斗场面异常激烈，争斗结束后双方均鲜血淋漓。

获胜的雄驴每天用粪便标记领地，嗅闻雌性尿液并追逐发情雌驴，发情雌驴在晨昏与雄驴反复交配，多发生在6~9时和18~20时，从开始交配到最后一次交配的时间持续约两周。雄驴在一个交配日内连续交配次数为3~5次。交配结束后，雄驴靠近雌驴时，雌驴会用后肢踢雄驴；而雌驴靠近雄驴时，雄驴会走开，与雌驴保持一定距离。经过大约11个月的孕期后，雌驴在次年的春夏之际产崽，从而使产崽期处在自然界中食物条件最好的时间内，这是一种很好的适应性表现。这也是野驴栖息地环境中食物最丰富的时期，有利于幼崽的快速生长和发育。雌性蒙古野驴在产崽和交配时，有短时间的离群行为，但离开族群的距离不远，只是在族群周围单独活动。

历史上的分布

由于栖息地破坏、偷猎、气候变化等因素，蒙古野驴的生存空间被一步步压缩。目前在中国，蒙古野驴分布区东起内蒙古二连浩特，沿中蒙边界狭长地域至新疆北部盆地，主要集中于新疆北部的卡拉麦里山保护区和内蒙古中部的乌拉特梭梭林保护区。但在历史上，它们曾经广泛分布。

根据古生物学资料，马科动物中的野驴就是由早更新世的西洼利克马起源的，后来经纳玛马而演变成为现代的野驴。在中国，野驴化石最早发现于第四纪中、晚更新世地层中，特别是晚更新世的中、晚期。亚洲野驴在地质时期的分布十分广泛，在约万年前的更新世晚期，它们曾生活于德国等欧洲原野。直到1万年前的间冰期开始时，亚洲野驴才从许多地理分布区消失。根据中国动物地理区划，中国有9省19处发现野驴化石，即东北区5处、华北区10处、蒙新区1处和青藏区3处。这些化石出现在人类旧石器时代，当时野驴已是中国猿人主要的狩猎对象。在峙峪哺乳动物群和新蔡哺乳动物群的化石中，野驴的数量也十分可观。有文字记载的历史时期，蒙古野驴在河西走廊分布很普遍。据《敦煌县志》记载，敦煌鸣沙山下月牙泉有一群野马（实系野驴，蒙古野驴长相和普氏野马比较接近，当地人因此错认）常来饮水，有人持勒，取得其马，献给汉武帝（公元前113年），汉武帝欣然挥笔写下《天马歌》。近代亚洲野驴曾经广布亚洲中部和蒙古高原地区。在唐朝，马可波罗提到在波斯、中东、阿拉伯、土耳其等地的戈壁环境中生活着较大数量的野驴，其中一些区域应为亚洲野驴。同一时期的《蒙古秘史》中也有大群野驴分布的记载。

敦煌榆林窟的壁画珍禽异兽繁多，其中不乏野驴图案，反映当时现实生活中的野生动物。《本草纲目》记载："辽东出野驴，似驴而色驳，鬃尾长，骨骼大。"可见明朝时期，辽宁地区还有野驴残存。在新疆，蒙古野驴主要分布于北疆准噶尔盆地，20世纪50年代以前数量还很多。到了20世纪五六十年代，在该盆地的西南缘还能经常遇见野驴，但数量不多。后来，受人类的经济活动干扰及乱捕滥猎影响，野驴种群数量急剧下降，在这些地区早已无法见到野驴，就连在盆地中部栖居的野驴亦难免遭到杀戮。1958—1965年，仅在莫索湾一带被枪猎的野驴就有84头，现在这一带几乎寻觅不到野驴的踪迹。自古以来，野驴就是一种珍贵的资源动物。古人记载："野驴辄成群，肉颇腴嫩。"所以，从古代到近代，野驴一直是狩猎的主要对象，这也是它们的自然分布区不断缩小的原因。

蒙古野驴从繁盛的家族到如今在卡拉麦里形单影只，短短千年来，它们的族群遭遇了灭顶之灾，而这一切背后的主谋就是人类。既然人类的祖先早已经驯化出家驴，为何还不能放过野驴？正如恩格斯所言：大自然可以满足人类的一切需求，却无法满足人类的一切欲望！

恶劣环境下的生命赞歌

鹅喉羚属于典型的荒漠、半荒漠栖居种类，哈萨克牧民称翘着尾巴奔跑的鹅喉羚为"卡拉克依路克"，汉语意为"黑尾巴的羊"。鹅喉羚的英文名为"Goitered Gazelle"，其中的"Goiter"意指甲状腺的膨大。实际上，鹅喉羚的甲状腺并未膨大，是喉部软骨膨大，而且仅雄性鹅喉羚在发情期有这种性状。每年11月到翌年3月，鹅喉羚发情交配，此时雄羊喉部膨大，很像公鹅的头，因此得名鹅喉羚。鹅喉羚主要栖息于海拔2 000~3 000米的高原开阔地带，从阿拉伯半岛、伊朗、阿富汗和中亚，向东直到中国西北部、蒙古国境内的广大地区都有分布。中国新疆的准噶尔盆地、叶尔羌河流域至罗布泊的荒漠，都是鹅喉羚的栖息地。目前，新疆拥有15万~20万只鹅喉羚。鹅喉羚属国家二级重点保护野生动物。它们生性胆小，再加上偷猎者的捕杀，使得它们对人类充满了戒心和恐惧。它们总是与人类保持着一定的距离，要近距离观察这些体态优雅的生灵非常困难。

鹅喉羚完全适应了戈壁严酷的生存环境。尽管在我们看来，茫茫荒漠几乎是贫瘠、荒凉和死亡的代名词，但鹅喉羚仍然能在荒漠上存活下来并繁衍后代。对荒漠中生存的动物而言，食物和水是它们的一大困扰。鹅喉羚的食物来源非常广泛，地面生长的植物多数都在它们的"菜谱"中，比如禾本科、藜科、菊科、豆科、紫草科、蓼科植物，其中紫草科的天芥菜属植物是鹅喉羚最常采食的植物。这些植物都含有丰富的水分和蛋白质，也是当地广泛分布的植物。对生活在干旱沙漠中的动物来说，获得水分是最重要的。因此，多汁的植物就成了它们喜欢的食物。在干旱炎热的夏季，含水量较高的食物对鹅喉羚非常重要，因为它们能够为鹅喉羚提供水分。

鹅喉羚的"生活起居"别具荒漠特色。尤其是夏季中午的荒漠温度极高，为了回避烈日酷暑，鹅喉羚选择在清晨与黄昏觅食，有时候也在夜间采食。清晨时，鹅喉羚从夜间采食场和水源地移动到休息场地，两地大约相距10~15千米；夜里它们会再返回。在移动过程中，鹅喉羚边吃边走，途中休息1~2次，大约20~60分钟。这种运动模式能够增加鹅喉羚的采食效率。

中午时分，烈日炙烤着大地，夏季地表温度可以达到60~70摄氏度。荒漠一望无际，很少有可以遮凉的树木，不过鹅喉羚会想办法。中午炎热时，鹅喉羚多在山丘前的阴凉处，用前蹄刨一个浅坑，身体卧在凉凉的土壤上面休息。当环境条件较严酷时，鹅喉羚可以在休息场地待上一整天。

即使水源充足，鹅喉羚也经常变换采食场。在炎热的夏季，鹅喉羚这种晨昏性的活动模式可防止体内水分散失；同时，它们通过采食沾有露水的叶

鹅喉羚
邢睿 摄

子来获得额外的水。在极端高温状态下，鹅喉羚还能够通过提高基础体温来避免身体过度失水。白天，当环境温度大于体温时，特别是身体失水时，鹅喉羚能够调高基础体温。当夜里环境温度降低时，再把白天的积温释放出来。鹅喉羚通过调节基础体温来减少体内水分的蒸发，并利用体内的水分来维持体温相对恒定。

夏季酷热，冬季也难熬。在鹅喉羚分布区北缘，冬季地面一般覆盖有10~15厘米的积雪。鹅喉羚的皮毛并不能有效抵抗严寒，而且它们很难获得充足的食物。因此，春秋季鹅喉羚要进行长距离的迁移；到了秋季，它们离开有积雪的北部草原，进入南部低矮的山区和沙漠地带过冬，翌年春天返回。对于鹅喉羚迁移的原因，主要有两种解释：其一，迁移与食物资源的质量相关。迁移动物比定居者更有机会获得有营养的食物，并且能更有效地利用这些食物。雌性鹅喉羚在妊娠期的最后阶段迁移到夏季栖息地，刚萌发的幼嫩植物能够为幼羚提供充足的营养。

动物集群能降低个体被捕食的风险，减少警戒时间，从而允许个体将更多的时间用于觅食和休息，但集群过大容易引起天敌的注意，也会带来疾病的传播以及食物资源的竞争。鹅喉羚在如此恶劣的荒漠环境下生存，群居显然是最佳的方式，它们通常以小群体出现。为了最大限度地利用集群带来的好处，鹅喉羚尽可能回避种群过大带来的风险，结成的群体一年四季都在变化。

春季，鹅喉羚集小群活动，大群分散成小的雄性群，怀孕的雌性离开雌性群单独活动并准备分娩。在春季4~5月，鹅喉羚也有一段发情期，但是个体间的交配频次要远远少于冬季。鹅喉羚妊娠期为5~6个月，分娩时间主要集中在5月，通常每胎产1~2崽，有时也有2~4崽的情况发生。3~7岁的成年雌羚一般每胎产2崽，双羔率达到75%，这在同属的其他种类中是很少见的。在分娩前，雌羚会从开阔地带转移到丘陵等植被覆盖度较高的地方活动，以躲避天敌和干扰。幼羚在出生10~15分钟后就能够站立吃奶。4~6天内的幼羚通常卧在隐蔽处，雌羚在距离它50~500米处采食或卧息，每次哺乳完毕后，雌羚会转移幼羚的隐蔽地点。两个月后，幼羚就可以同雌羊或其他成年个体一起活动。4~5个月后，幼羚断奶。

夏季，鹅喉羚集结的群体多为雌雄共同组成的混合群。这个时候雌性鹅喉羚警戒水平显著高于雄性，原因是夏季多数雌性鹅喉羚已经产崽。由于幼体是群体中最脆弱的个体，往往成为捕食者首先捕食的对象，因此携幼雌性通常需要具有较高的警戒水平。

秋季鹅喉羚多以2~6只的小群活动，以母子群和雄性群为主，其中雄性群平均大小为两只，雌雄群平均大小为2~3只，这样有利于采食，能更好地利用荒漠地区有限的食物资源，以备越冬。

初冬（10~11月）鹅喉羚集大群，之后又分散成小群活动。雌性和幼体聚集成10~30只的群，雄性单独活动，亚成体亦集群。冬季发情期结束后，雄性或继续单独活动，或加入亚成体群及雌性和幼体群，集群数量一般大于5只。鹅喉羚一般在1岁龄达到性成熟。个别雌性个体在5月龄就开始发情，但是大部分个体在18月龄才具备生殖能力。个别雄性个体在10~11月龄就有生殖能力，但是大部分在2.5~3岁才具备生殖能力。每年11月至次年1月是鹅喉羚主要的交配季节，这一时期雄羚在雌羚经常活动的路线附近圈占领地。繁殖初期，雄羚白天在领地内，夜间离开领地去觅食、饮水，雄羚交配次数受天气状况的影响。

不过，一年四季中，鹅喉羚中总是有一些不合群的个体，它们单独活动，被称为"独羚"。"独羚"的出现有以下三个原因：其一，雄性个体在冬季交配期来临时占据一定的领域，因此形成独羚；其二，雌性个体产羔，成为"独羚"；其三，老弱病残等原因造成鹅喉羚暂时脱离群体。"独羚"现象是普遍存在的，在群体中能占到14.2%。但由于面临被捕食的风险，鹅喉羚单独活动只是暂时的。

每一种动物都是大自然独一无二的存在，在长期的生存进化中，它们适应所在的环境。即便在人类眼中这些环境是如此恶劣，它们也可以怡然自得。只要人类不加以干扰和破坏，无论环境多么险峻，都会万类霜天竞自由！

第 13 章　　　**因为人类而即将消失的**
中国动物

近些年来，因为人类的干扰、破坏，中国有许多物种已经灭绝或正走在灭绝的路上，比如斑鳖、穿山甲、大鲵、白鲟。这些经过几千万年形成的物种，本来可以在自然界继续存活，却因为人类的原因，正在我们的眼皮底下慢慢消失。

地球上生活的不仅有人类，还有无数动物、植物、微生物，共同组建地球命运共同体。离开它们，人类也无法独活。保护动物其实就是保护人类自己，在构建生态文明的今天，人类需要善待地球上存在的每一个物种。

世界将无穿山甲

　　小时候看过一部动画片《葫芦娃》，记得里面有这样一个镜头：穿山甲为了营救葫芦兄弟，惨死于蛇精之手。那个时候我们对穿山甲的壮举充满了无尽的崇拜，同时更加憎恨那只无耻的蛇精。遗憾的是，现实中的场景比动画中还要悲剧！

　　我在野外从来没有见过一只活的穿山甲，在药店却可以经常见到它们的尸体。穿山甲是一个古老类群，在地球上生存了至少4 000万年。目前全球共有8种穿山甲，其足迹遍布东南亚、南亚和撒哈拉以南的非洲。

　　穿山甲善于打洞，前肢挖土，后肢推泥，遇到吵扰，它就会迅速遁土而去，故称"穿山甲"。我国出产的主要是中国穿山甲，分布于南方各省的热带性地区。此外，穿山甲的分布地向南延至印支半岛、缅甸、尼泊尔等地。穿山甲栖居于丘陵山地的树林、灌丛、草丛等各种环境，但极少在石山秃岭地带出现。其洞穴多筑在山体的一面，居住地随季节和食物而变化。穿山甲平常无固定住所，随觅食时所挖洞穴而居，栖息一两晚，如果觅得地下的大蚁巢，停留时间就会长一些，吃完巢蚁才走。穿山甲白天多蜷缩于洞内酣睡，无洞不能度日；入夜外出觅食，一个夜晚常于数个山体中活动，达5~6千米之遥。

　　中国人早在2 000年前就对穿山甲有了认知，屈原在《天问》中写道："延年不死，寿何所止？鲮鱼何所？鬿堆焉处？"这里的鲮鱼，也被称作鲮鲤，其实就是穿山甲。古人认为穿山甲身上布满鳞片，如鲤鱼一般，因此称之为"鲮鱼"。现实中，穿山甲是唯一身披鳞片的哺乳动物。

穿山甲的主要食物为白蚁，每当洞内巢蚁被吃光时，穿山甲便将拉在洞内的粪便用泥覆盖，以招引白蚁，日后再来挖食。穿山甲能泅渡大河，游速超过蛇类，即使驮着幼兽泅水，亦不为急流所阻。它也能攀爬斜树，往往循蚁迹上树，以尾绕附树枝，饱食之后有时就在树枝上睡觉。但穿山甲不会从树上往下爬，只会甩身掉地，随即蜷作一团。穿山甲遇敌或受惊时蜷作一团，头被严实地裹在腹前方，并常伸出一前肢作御敌状；若在密丛等隐蔽处遇人，则往往迅速逃走。

之前的研究认为：穿山甲的生态价值主要体现在对森林害虫白蚁的防治上。过去，人们认为白蚁危害多种林木、水利堤坝和房屋建筑，而穿山甲主食白蚁，自然可以保护森林。其实，这种看法是非常片面的。自然界不存在害虫和益兽之分，所有的害与益都是人类根据自身的利益而评判的，符合人类利益的为益兽，不符合人类利益的则为害虫。但放到整个自然界中来看，人类的评判是不成立的。就拿白蚁来说，它们对人类而言是害虫，可是对于自然界它们不可或缺。在森林中，白蚁最大的作用是分解死亡的树木，加速物质和能量循环。除了分解死去的树木，白蚁也会攻击活着的树木，人类可能据此认定白蚁是害虫。其实，白蚁所攻击的树木多是老弱病残。健康的树木会分解足够的防御性化合物，令白蚁望而生畏。在以色列的沙漠地带，每公顷内的白蚁可以把237千克的碳和4.3千克的氮从死亡的植物里转移出来。

白蚁是名副其实的森林清洁工。但是，如果白蚁过度繁衍，一样会带来严重的危害。据全国白蚁防治中心2017年工作报告称，白蚁会危害房屋建筑、文物古迹、水利工程、园林植被、农林作物、通信电力、市政设施等多个领域。大自然的精妙就在于通过复杂的食物网维持动态平衡，不至于使某一个家族过于庞大。在健康的生态环境下，白蚁难以成灾，因为存在诸多以白蚁为食物的动物——比如穿山甲，控制和制约它们。然而，正是因为人类破坏了自然的平衡，才使得白蚁成灾。

自古以来，人们熟知穿山甲的药用价值，早在《本草纲目》上就有记载："鳞可治恶疮、疯疟、通经、利乳。"现代医学认为其鳞片有通经络、下乳汁、溃痛疮、消肿止痛之功。因此穿山甲是名贵的中药材原料，是我国14种重要的药用濒危野生动物之一。

在动画片里，穿山甲舍己求人，足够伟大；现实中，穿山甲，防治虫害，治病救人，功德无量！

虽然穿山甲如此重要，可惜它们的遭遇却极为惨淡。动画片中的葫芦兄弟知道感恩，而我们人类比蛇精还凶狠、贪婪。

过去，我国南方许多地方市场常有穿山甲售卖，特别是在夏、秋季节。但近10年来穿山甲年年减少，国家收购部门基本上收购不到。据广东省有关部门反映，早年仅韶关一个地区每年就可收购穿山甲百担以上，现在全省总计也只有几担，多数地区已片甲难收了。由此可见穿山甲资源遭受了严重破坏。

据广东省昆虫研究所的刘振河和徐龙辉调查，捕捉穿山甲的猎人用训练过的猎犬助猎，或者使用循迹追踪、寻洞再挖捕等办法，每年捕获大量穿山甲，特别是在夏、秋这两个穿山甲的主要繁殖季节，猎捕更易得手。另一方面，山林大量开发，穿山甲的栖息地不断减少，又缺乏有效的保护措施，所以目前多数地区的穿山甲资源面临绝境！

过度猎捕利用、生境破坏、外来物种入侵以及自身繁殖力低下，是穿山甲面临濒危的主要原因。过度猎捕利用是穿山甲资源濒危的主要原因之一，这种强大的破坏力远远超过了穿山甲维持自身种群结构稳定性的能力，导致穿山甲种群逐渐衰退。此外，穿山甲主要栖息在亚高山及丘陵地带的阔叶林、针阔混交林及灌草丛内，对生境选择极为严格。它是狭食性的动物，只食蚁类，因而对环境变化的适应能力特别差，一旦栖息地遭受破坏，其种群数量就会在较短的时间内迅速下降。

在我国东南沿海省份（特别是广东）以及广西、云南，每年至少有上千只穿山甲被查扣后放生到当地的保护区，涉及的种类主要是中国穿山甲和印度穿山甲，其中印度穿山甲占1/3。印度穿山甲和当地保护区内的中国穿山甲生态位相似（主要表现在食性、活动习性、生境选择上的相似），是一对竞争物种。一旦印度穿山甲适应当地环境并壮大，就会产生较大的竞争排斥力，对处于濒危状态、生存竞争力较弱的中国穿山甲来说又多了一种致危因素，从而进一步加重了中国穿山甲资源的濒危。

还有穿山甲自身的一些因素。它们繁殖力低下，一般一胎一崽，每年一胎，因而种群数量增长缓慢。穿山甲是狭食性动物，进化程度低，对新的环境适应能力差，这也是难于人工驯养的主要原因之一。一旦被大量捕杀，其种群数量下降后就很难恢复。如果种群密度很低，就可能在某一地区绝迹。加上穿山甲御敌能力弱，逃跑速度又十分有限，而且大部分时间是在洞中度过的，猎人捕捉它就犹如瓮中捉鳖，只需挖洞或烟熏即可，因此，它很难逃脱猎人或猎物的追捕。

人类的贪婪破坏不断压缩穿山甲的生存空间，把其逼入绝境。究其源头，没有市场就没有贸易，没有贸易自然不会有杀戮。穿山甲祈求人类刀下留情！千百年来，穿山甲为人类默默贡献着自己的一切，一直标榜知恩图报的人类就不该为它做点儿什么吗？药用价值不是选择杀戮的借口。况且，穿山甲的药效并没有得到现代科学实验的验证！在现代医学技术发展的今天，早就出现了更好的替代药物。人类的利用不能超出物种承载的极限！在人类文明高度发达的今天，我们不能为了一己之私，置万千生灵于不顾！

最后一只斑鳖

和穿山甲命运相同的还有斑鳖——《西游记》中那位曾经驮着唐三藏师徒过河的老鳖就是斑鳖。如今，它们也濒临灭绝。我第一次见到斑鳖是在苏州动物园，在水池中有一只雌性的斑鳖，当时没有看到雄性斑鳖，不曾想这竟然是我最后一次见到它。2019年4月14日那天，中国仅存的一只雌性斑鳖去世了，现在世界上仅存三只斑鳖。剩下的斑鳖现在也是风烛残年，时日无多，用不了多久，整个斑鳖家族都会从地球上消失。

斑鳖也称斯氏鳖或黄斑巨鳖，是世界上最大的淡水鳖，背甲可长达1.5米，体重可达115千克。早在人类出现之前，斑鳖就在地球上存在了，曾几何时，斑鳖的家族非常庞大，广泛分布在中国的长江流域（钱塘江、太湖）和红河流域。在历史悠久的中华文化中，处处可以看到斑鳖家族的身影。

早在3 000多年前，商朝出土的青铜铭文中记载："丙申，王于洹，获。王一射，射三，率亡（无）废矢。王令（命）寝（馗）兄（贶）于作册般，曰：'奏于庸，作女（汝）宝。'"说的是：商王在洹河射杀了一只斑鳖，随后下令以斑鳖为原型铸造了青铜鼋。那个时期，斑鳖的名字还不叫斑鳖，叫鼋。虽然现在龟类家族中也有一位成员叫"鼋"，但此鼋非彼鼋。商朝青铜鼋的外形，有两处最明显的特征——硕大的头部和突出的鼻吻，显然是斑鳖。如今叫作鼋的动物，头部略小，鼻吻部不突出，和斑鳖不是一个种。

商朝之后，西周时期，周穆王在行军途中，遇到九江阻隔，无法渡江。情急之下，周穆王下令捕抓斑鳖和扬子鳄，用来填河造桥。这就是后世成语"鼋鼍为梁"的来源。这个典故足以证明早在西周时期，斑鳖拥有一个庞大的家族，否则不足以填河造桥。

在后世的演绎中，斑鳖还有一个名字叫癞头鼋，尤其在江浙一带流传。人类在风景园林中，经常看到一只大乌龟驮着一块石碑，那就是以斑鳖为原型的。在神话故事中，斑鳖被唤作赑屃（bì xì），又名霸下，相传是龙的儿子。它天生神力，可以背负三山五岳，后来被大禹招安，成就一段治水神话。

斑鳖家族的辉煌还在继续，四大名著中有两部都提到斑鳖。《西游记》中，在通天河驮着唐僧师徒渡江的正是斑鳖。只是后来唐三藏不守信用，答应斑鳖的事没有做到，斑鳖一怒之下将其掀翻在水中。另外，《红楼梦》第二十三回《西厢记妙词通戏语　牡丹亭艳曲警芳心》中，贾宝玉说："明儿我掉在池子里，教个癞头鼋吞了去，变个大忘八，等你明儿做了'一品夫人'病老归西的时候，我往你坟上替你驮一辈子的碑去。"这里的癞头鼋正是斑鳖的别称。

随着人类不断扩张,人心不古,斑鳖的家族逐渐没落。尤其是进入20世纪之后,斑鳖的家族遭到毁灭性的打击。20世纪60年代,随着污染加剧、环境恶化以及人类过度捕捞,斑鳖在长江的家族遭遇灭顶之灾,不久之后全军覆没。斑鳖家族的另外一支生活在红河流域,也没有好到哪里去。19世纪五六十年代,云南的斑鳖还比较丰富,19世纪70年代也尚有一定数量。可是,20世纪50~70年代,红河流域的斑鳖遭到人类大规模捕捞,流落到国内各个动物园。由于长期被过度捕捞,2006年之后斑鳖在红河流域彻底销声匿迹。

直到20世纪90年代,斑鳖才受到人类的重视。那个时期,斑鳖只有苏州的三只和上海的一只。不久之后,苏州的两只斑鳖和上海的一只斑鳖相继去世。苏州只剩下一只斑鳖孤苦伶仃。不过,人类发现长沙动物园还有一只雌性斑鳖,于是他们在2008年保媒拉纤,给苏州斑鳖娶了长沙的老婆。从2008年开始,斑鳖夫妻相濡以沫。一直以来,斑鳖需要一个宝宝,为整个家族延续香火。可是,斑鳖夫妻由于身体原因,一直没能怀孕。此时的人类比斑鳖还着急,他们前后5次帮助斑鳖夫妻进行人工授精,可是最终都没有成功。就在第5次人工授精之后,雌斑鳖与世长辞,独留雄斑鳖一个孤苦伶仃。

过不了多久,雄斑鳖也会离开这个世界。斑鳖的经历忠告人类:地球不只是人类自己的,万千生灵彼此相互联系,构成一个共同的地球命运体。如今,斑鳖家族离开了,还有无数个家族即将消失。当所有的生命一个个凋零,人类最终也无法独活于天下。

大鲵:放生就是对的吗?

据中国科学院昆明动物所最新研究:世界上最大的两栖动物——大鲵,可以分成至少5个种,而且都处于极度濒危状态。形势更加严峻的是,目前的保护措施可能会导致这些不同的物种相互杂交，进而融合为一个物种，导致其他野外种走向灭绝。

大鲵俗称娃娃鱼、人鱼、孩儿鱼，属于由水生脊椎动物向陆生脊椎动物过渡的类群，产于我国内陆河溪水域，是中国特有的珍稀保护动物。大鲵体长可达2米，是现存体型最大的两栖类。大鲵曾经在中国南方非常常见，原记载分布于河北、河南、陕西、山西、甘肃、青海、四川(包括重庆)、贵州、湖北、安徽、江苏、浙江、江西、湖南、福建、广东、广西等省份（河北、江苏存在疑问）；另外，云南也报道称有大鲵分布。自20世纪50年代起，由于过度收购、非法捕杀和栖息地丧失等原因，大鲵种群数量下降极为严重，湖南、安徽等地的大鲵产量在20世纪50~70年代下降超过80%，分布区也极度萎缩，形成了12块岛屿状区域。

在20世纪80年代以前，大鲵一直被作为一种水产资源来收购。不过现在，绝大多数的大鲵被商业养殖，用于满足顾客餐桌上的消费。为了恢复野外种群的数量，中国政府鼓励人们将这些人工养殖的大鲵放归野外。但是在将人工饲养的大鲵放归野外之前，需要弄清楚它和野外种群的遗传分化。否则，贸然放归很有可能好心办坏事，导致野外种群灭绝。

大鲵作为古老的有尾两栖类，迁徙能力较差，对水环境的依赖性很大，而且不同水系的大鲵种群间的基因交流非常困难，因此部分地方种群的大鲵适应自己的生境，可能形成独特的种群遗传特征。自1871年布兰查德（Blanchard）描述中国西部的大鲵以来，许多学者对其分类地位[①]进行了研究。

为了分清人工养殖的大鲵和野外大鲵的遗传分化，中国科学院昆明动物所张亚平团队采集了70个野外大鲵个体和1 034个人工饲养的个体的DNA

---

① 分类地位：即以生物性状差异的程度和亲缘关系的远近为依据，将不同的生物加以分门别类。生物学家将地球上现存的生物依次分为界、门、纲、目、科、属、种7个等级。——编者注

（脱氧核糖核酸）数据——线粒体和微卫星①，利用简化基因组进行分析。研究小组发现这些野外大鲵在500万~1 000万年前的漫长时间里，已经慢慢分化出了5个明显独立的遗传聚类（5个独立种）。相比之下，这些人工养殖的大鲵出现了广泛的基因混合。这就意味着，一旦人工养殖的大鲵和野外种群进行交配，会增加基因污染（基因混淆）的风险，可能导致野外大鲵走向灭绝。

如果野生种群灭绝，世界会失去不止一种大鲵，而是全部的5种，而留在世间的大鲵将会是这些养殖场的种类的混合体。

自然界有自己的规律，不尊重自然规律，放生就等同于"放死"！

白鲟灭绝：又一个物种离我们而去

近日，白鲟灭绝的消息登上各大媒体的头条。白鲟属于软骨硬鳞鱼，其典型特征是长长的吻部。白鲟是一种古老的鱼类，在地球上存在了上亿年之久。1991年，中国地质博物馆的卢立伍在辽宁凌源发现一件具有长吻部的鱼类化石，其特征与古白鲟相似。和它一同被发现的，还有北票鲟、狼鳍鱼及一些其他典型热河动物群化石。此化石具有极长的、由一系列纵向分布吻片构成的吻部，头部有明显的前、后长形孔，与鲟科和软骨硬鳞科区别明显。经过古生物学家鉴定，此化石属于白鲟科。这一发现说明白鲟与其他鲟类一样，在侏罗纪就已经出现了。在早白垩纪或更早的时期，白鲟科鱼类就已经和鲟科、北票鲟科从系统进化上分开。

① 微卫星（microsatellite）：一般指基因组中由短的重复单元（多为1~6个碱基）组成的DNA串联重复序列。——编者注

当今世界，白鲟科下仅存2种：白鲟和匙吻鲟。白鲟仅分布在中国长江的干支流中，如沱江、岷江、嘉陵江、洞庭湖、鄱阳湖及钱塘江。匙吻鲟则分布在美国的密西西比河流域。白鲟和匙吻鲟最显著的区别在于吻的形态和食性：白鲟的吻尖细，以鱼为食；匙吻鲟的吻宽扁，滤食浮游动物。

白鲟又名中国剑鱼，为中国特有种类。中国古代白鲟被称为"鲔"。因为其吻部长，状如鸭嘴，也俗称为鸭嘴鲟。白鲟体长呈梭形，胸鳍前部的身体平扁，后部略侧扁。鱼体背部呈灰黄色，腹部白色，各鳍灰白色，尾鳍外缘为青灰色。白鲟最显著的特征是吻长，其吻部可占体长的1/3。白鲟的吻部占身体的比例随着生长发育而发生变化，性成熟前吻部占身体的比例随个体生长而减小，性成熟后基本稳定。

白鲟为中下层鱼类，在长江干流及一些水量较大的支流都有分布。幼鱼多在中下游至河口及附属水体觅食，性成熟后溯河产卵，其产卵场在金沙江下游的宜宾江段。每年的2~3月是白鲟的繁殖季，它们会上溯到长江上游产卵。白鲟的卵有黏性，能沉到水里，1尾30千克的雌鱼可以产下20万粒卵。

长江葛洲坝枢纽兴建后，中下游白鲟被大坝阻隔，不能上溯到上游繁殖。大坝刚截流时，大批白鲟和未成熟的个体被拦在坝下，使上游种群数量下降。但由于产卵场未被破坏，坝上的亲鱼仍能繁殖生长。随后，科学家发现在长江葛洲坝截流后，坝下又出现了一个白鲟产卵场，每年6~7月间，坝上的四川万县、湖北宜昌、湖南岳阳以及上海崇明等地江段出现大量白鲟幼鱼。不过，长江上的大坝不止葛洲坝，如果大坝过多，就会将白鲟的栖息地分割成一座座孤岛，这对其生存是极为不利的。

白鲟生长速度很快，尤其是当年孵化出的幼鱼更是如此。10月份的幼鱼全长达53~61厘米，一龄鱼平均体长75厘米。雌雄鲟鱼在性成熟前无明显差异，性成熟后，雌鱼的长度及重量均大于同龄的雄鱼。在民间，渔民中流传"千斤腊子万斤象"的说法，其中腊子指的是中华鲟，象鱼就是指白鲟。不过在现实中，还没有白鲟重达万斤的记录。2007年捕获的一条体长约3.6米的白鲟，是近些年来已知最大的一条。不过，根据动物学家秉志记载，20世纪50年代有渔民曾在南京捕到 7 米长的白鲟，体重达908千克，这是世界上淡水鱼类体长的最高记录。

白鲟是一种肉食性鱼类，以其他鱼类为食。1983 年，中国科学院水生生物研究所曾经解剖过一尾长3.54米、体重148千克的白鲟，在它的胃中取出了一尾3.7千克的青鱼和一尾 4 千克的鲤鱼。白鲟的食性随季节和环境发生变化，在长江上游春夏季以鳎鱼为主，秋冬季则以虾虎鱼和虾类为主；在长江下游江段，白鲟以鲚鱼和虾蟹类为主要食物。白鲟是个大肚皮，它一次进食量可占体重的 5%，一次摄食后可在相当长的时间内不摄食。

早在1983年，国务院颁布的《关于严格保护珍贵稀有野生动物的通令》中，已经将白鲟列为国家一类特有珍稀动物。可惜经过几十年的努力，还是没能保住白鲟。很多人可能会问，为何不进行人工繁育然后放生？现实的情况没有那么简单。在 20 世纪 90 年代，可以捕捉到白鲟的幼鱼，可是那个时候我们还没有探索出白鲟的繁育技术。具备白鲟繁育技术之后，却再也捕捉不到鱼了。也就是说，白鲟没能等到人类的技术进步可以挽救它的那一天。

2003 年，中国科学家最后一次救助和放生了一条白鲟，此后白鲟便销声匿迹。2009 年，世界自然保护联盟把白鲟列入"极危"等级。近日，中国水产科学研究院长江水产研究所首席科学家、研究员危起伟博士和张辉博士在国际学术期刊《整体环境科学》发表文章透露，白鲟在 2005—2010 年间已经灭绝。

那么，如何定义一个物种是否灭绝？

世界自然保护联盟对灭绝做出了定义："某一分类单元的物种的最后一个个体死亡，则认为该分类单元已经灭绝。如果无法确定最后一个个体死亡，在50年内没有发现该个体，就认为该分类单元的物种灭绝。"实际情况下，要想确定一个物种的最后一个个体死亡是非常困难的。科学家随即提出了一个新的概念：功能性灭绝。所谓的功能性灭绝是指，即便是该物种还存在，也无法在自然状态下拥有维持繁殖的能力。从遗传上看，一个物种想要生存繁衍下去而不至于近亲繁殖，需要一个最小有效种群。不同物种的最小有效种群的数量是不一样的。因此，早在1993年，白鱀就已经被科学家认定为功能性灭绝。

从进化历史上看，每一个物种都可能灭绝。旧的物种灭绝，为新的物种提供生存的机会，如果地球上的物种都不灭绝，这个地球显然无法承受。可是，人类的活动打破了自然界的演化机制，一些物种（比如白鱀）本来可以在自然界继续存活，可是由于人类的干扰、破坏而灭绝，这就影响了物种的多样性，进而对生态系统造成负面影响。人类也是生态系统中的一员，生态系统出了问题，人类也无法幸免。这就是保护物种的意义所在。

后
记

————

与禽兽为伍：我的科研和科普之路

　　并不是我选择了路，而是路选择了我，我没有退缩。人生有时就是这样，精心选择的未必是适合的，随缘的可能正是适合的，这就是所谓的随遇而安吧！

　　我高中是文科，大学学地理科学。到了本科，我们学校的地理科学专业属于半文半理——同时招文科和理科。到了硕士研究生阶段，我从地理科学专业被调剂到生态学专业，研究对象为鸟类。到了博士研究生阶段，我从鸟类生态学转行到了兽类，主要研究灵长类动物，于是我经常戏称自己把最美好的青春都献给了"禽兽"。

　　研究动物的过程中，我发现它们的世界很精

彩。最开始，我和普通人的认知一样，对动物并没有特殊的感情，那时的我分不清楚树麻雀与家麻雀。本科毕业的暑假，我第一次跟着师兄去天山观察金雕的繁殖行为，那是我第一次真正意义上接触野生动物。那一刻我由一个"小白"开始转为一名动物研究者。在新疆，我第一次见到了"空中霸主"——金雕，第一次近距离看到它的巢穴，看到巢中的幼鸟。虽然之前对野生动物不了解，但我相信人对野生动物的喜爱是一种本能，只要有机会，每个人都会爱上大自然。

到了博士期间，我转而研究灵长类动物，研究地点从西北的荒野转战到西南的密林。很多人不了解我们研究灵长类动物的意义，其意义在于：一是灵长类动物是人类的近亲，有助于了解人类自身的行为进化的起源，人类几乎所有的行为都可以在灵长类身上找到原型，人类想不通的行为也可以在灵长类动物身上溯本求源；二是灵长类动物是森林生态系统的重要组成部分，对种子传播和森林生态系统的稳定有着重要意义；三是灵长类动物和人类有最高的基因相似度，是医学上重要的模式物种。中国有27种灵长类动物，尤其是一些特有种类（比如川金丝猴、滇金丝猴等）只分布在中国，具有重要

的研究和保护价值。通俗地讲：接触灵长类动物之后，我才真正理解人类。

2016—2017年我主要在云南跟踪观察滇金丝猴，这是一种美丽可爱的灵长类动物，是生存海拔最高的灵长类动物。更为神奇的是，滇金丝猴和人类一样拥有美丽的红唇。不过，它的红唇被造物主赋予了和人类不一样的意义。滇金丝猴的社会中没有猴王，是由一个个一雄多雌的小家庭和全雄单元组建的重层社会。那些

单身的雄猴想要拥有老婆，就得去争去抢。2018年1月，我在四川白水河保护区进行考察，在一个河坝里发现一群藏酋猴，它们全年都可以交配，但是只在每年的1~8月繁殖，这意味着并非所有的交配都是为了繁殖。和人类一样，它们也需要自己的性生活。2019年，我在唐家河保护区看到一群藏酋猴，这群猴子之前被人类习惯化（定期投喂食物后对人类不畏惧），不仅不怕人，还经常"不干猴事干人事"——打家劫舍。它们但凡看到游客拎着吃的东西下车，就会立即过去抢夺。猴群的抢劫行为不是偶然发生的，也是一种学习行为，它们只是没学好，走了下坡路。

野外科考过程中，往往惊喜与惊险同在。很多人问我"在野外遇见猛兽怎么办"，其实我们科考过程中倒是不担心猛兽。主要原因是遇见猛兽的概率极低。其次，猛兽并没有想象中的那么危险。比如，2013年我在新疆和静县的草原上曾近距离遭遇两匹狼。我们在车内发现狼的时候，它们正在和一群高山兀鹫一起取食一头家牦牛。我们下车之后，这两匹狼就悄然离去。

我一直从事保护生物学的研究，工作原因令我长期接触野生动物尤其是濒危动物。我平时喜欢给孩子们分享自己的野外科考经历，一次在一所小学做讲座的时候，一位小学生物老师提出一个问题：赵老师你们研究这些动物有何意义？此事对我触动很大，如果老百姓不了解保护野生动物和维护生态安全的价值和意义，或者说我们只进行科研不进行科普，那么我们所有的工作可能都是徒劳的。从那时候起，我觉得要把科普当成一件很重要的事认真来做。在科普的过程中，我发现中小学生具有强烈的求知和探索的欲望，但他们缺少科学的引导，于是我觉得应该在他们心中播下一颗科学的种子，为中国培养下一代科学家。

一路走来，我要感谢我求学路上的恩师——中科院的马鸣研究员和李明研究员，是他们把我带上了学术这条道路，给我打开人生的新视野；感谢各个保护区给我提供了科学考察的便利；感谢科考途中各位向导的带路；感谢汪鑫兄对本书提供的宝贵建议，感谢为本书提供图片的各位作者，如有疏漏之处请多包涵！

参考文献

————————

丁长青. 朱鹮研究［M］. 上海：上海科技教育出版社，2004.

丁长青，李峰. 朱鹮的保护与研究［J］. 动物学杂志，2005，40(6)：54-62.

李兰兰，王静，石建斌. 人与野猪冲突：现状、影响因素及管理建议［J］. 四川动物，2010，29(04)：642-645.

刘国钧. 我国的稀有珍贵动物——大鲵［J］. 动物学杂志，1989，24(3)：43-45.

刘荫增. 朱鹮在秦岭的重新发现［J］. 动物学报，1981(03)：273.

刘钊，周伟，张仁功，谢以昌，黄庆文，文云燕. 云南元江上游石羊江河谷绿孔雀不同季节觅食地选择［J］. 生物多样性，2008(6)：539-546.

卢立伍. 辽宁凌源晚侏罗世白鲟化石［J］. 古脊椎动物学报，1994(02)：134-140.

史有青，汪运根．穿山甲的食蚁习性［J］．野生动物，1985(6)：11-13．

王长平，刘雪华，武鹏峰，等．应用红外相机技术研究秦岭观音山自然保护区内野猪的行为和丰富度［J］．兽类学报，2018，35(2)：147-156．

王文，张静，马建章，等．小兴安岭南坡野猪家域分析［J］．兽类学报，2007，27(3)：257-262．

王小明，应韶荃，陈春泉．江西井冈山野猪冬季卧息地选择的初步研究［J］．生态学杂志，1999，18(4)：73-75．

吴宏和．白蚁危害及防治对经济的影响［J］．中山大学学报论丛，1999(4)：66-69．

吴民耀，王念，惠董娜，等．林麝保护的现状及研究进展［J］．重庆理工大学学报（自然科学），2011，25(1)：34-39．

吴诗宝，陈海，蔡显强．大雾岭保护区野猪种群数量，结构及繁殖习性的初步研究［J］．兽类学报，2000，20(2)：151-156．

吴诗宝，马广智，唐玫，等．中国穿山甲资源现状及保护对策［J］．自然资源学报，2002，17(2)：174-180．

邢湘臣．我国珍稀的中华鲟和白鲟［J］．生物学通报，2003，38(9)：10-11．

薛大勇，李红梅，韩红香，等．红火蚁在中国的分布区预测［J］．昆虫知识，2005，42(1)：57-60．

杨晓君，文贤继，杨岚，等．春季绿孔雀的栖息地及行为活动的初步观察［C］．中国鸟类学研究——第四届海峡两岸鸟类学术研讨会文集，2000．

尹晓辉．几种农药对中华蟾蜍的生态毒理效应及分子毒性研究

［D］. 东华大学, 2008.

曾玲, 陆永跃, 何晓芳, 等. 入侵中国大陆的红火蚁的鉴定及发生为害调查［J］. 昆虫知识, 2005, 42(2): 144-148.

曾治高, 宋延龄. 羚牛防御行为的观察［J］. 兽类学报, 1998, 18(1): 8-14.

翟天庆, 丁海华, 张治等. 朱鹮种群现状及自然迁移规律［J］. 野生动物杂志, 2008, 29(6):319-321.

张学军. 熊蜂能飞越喜马拉雅山顶［EB/OL］.（2014-02-05）［2020-01-06］http://blog.sciencenet.cn/blog-41174-764607.html

章克家, 王小明, 吴巍, 等. 大鲵保护生物学及其研究进展［J］. 生物多样性, 2002, 10(3): 291-297.

赵建华. 上海郊区中华蟾蜍种群生态研究［D］. 华东师范大学, 2006.

Agoramoorthy G, Rudran R. Infanticide by adult and subadult males in free-ranging red howler monkeys, *Alouatta seniculus*, in Venezuela［J］. Ethology, 1995, 99(1-2): 75-88.

Anderson J R, Gillies A, Lock L C. Pan thanatology. Current Biology, 2010, 20(8): R349 - R351.

Anstey M L, Rogers S M, Ott S R, et al. Serotonin mediates behavioral gregarization underlying swarm formation in desert locusts［J］. Science, 2009, 323(5914): 627-630.

Barrett B J, McElreath R L, Perry S E. Pay-off-biased social learning underlies the diffusion of novel extractive foraging traditions in a wild primate [J] . Proceedings of the Royal Society B Biological Sciences, 284: 20170358.

Boesch C. Wild Cultures: A Comparison Between Chimpanzee and Human Cultures [M] . Cambridge University Press, 2012.

Brotcorne F, Giraud G, Gunst N, et al. Intergroup variation in robbing and bartering by long-tailed macaques at Uluwatu Temple (Bali, Indonesia) [J] . Primates, 2017, 58(4): 505-516.

Calenge C, Maillard D, Fournier P, Fouque C. Effciency of spreading maize in the garrigues to reduce wild boar (*Sus scrofa*) damage to Mediterranean vineyards [J] . European Journal of Wildlife Research, 2004, 50(3): 112-120.

Davies A B, Levick S R, Robertson M P, et al. Termite mounds differ in their importance for herbivores across savanna types, seasons and spatial scales. Oikos, 2016, 125(5): 726-734.

De Waal F. The age of empathy: Nature's lessons for a kinder society [M] . Broadway Books, 2010.

Dillon M E, Dudley R. Surpassing Mt. Everest: extreme flight performance of alpine bumble-bees [J] . Biology letters, 2014, 10(2): 20130922.

Gaynor K M, Hojnowski C E, Carter N H, et al. The influence of human disturbance on wildlife nocturnality[J]. Science, 2018, 360(6394): 1232-1235.

Hrdy S B. Male-male competition and infanticide among

the langurs (*Presbytis entellus*) of Abu, Rajasthan [J] . Folia primatologica, 1974, 22(1): 19-58.

Hughes D P, Kronauer D J C, Boomsma J J. Extended phenotype: nematodes turn ants into bird-dispersed fruits [J] . Current Biology, 2008, 18(7): R294-R295.

Hughes D P, Wappler T, Labandeira C C. Ancient death-grip leaf scars reveal ant - fungal parasitism [J] . Biology letters, 2010, 7(1): 67-70.

King B J. How animals grieve [M] . University of Chicago Press, 2013.

Li T, Ren B, Li D et al. Maternal responses to dead infants in Yunnan snub-nosed monkey (*Rhinopithecus bieti*) in the Baimaxueshan Nature Reserve, Yunnan, China [J] . Primates, 2012, 53(2): 127-132.

Loss S R, Will T, Marra P P. The impact of free-ranging domestic cats on wildlife of the United States [J] . Nature communications, 2013, 4: 1396.

Lukas D, Huchard E. 2014. The evolution of infanticide by males in mammalian societies. Science [J] , 346(6211): 841-844.

Mlot N J, Torey C A, Hu D L. Fire ants self-assemble into waterproof rafts to survive floods [J] . Proceedings of the National Academy of Sciences, 2011, 108(19): 7669-7673.

Ramanan D, Bowcutt R, Lee S C, et al. Helminth infection promotes colonization resistance via type 2 immunity [J] . Science, 2016, 352(6285): 608-612.

Ren B, Li D, Garber P A, Li M. Evidence of Allomaternal

Nursing across One-Male Units in the Yunnan Snub-Nosed Monkey (*Rhinopithecus Bieti*) [J] . Plos One, 2012, 7(1):1-4.

Ren B, Li D, He X, et al. Female resistance to invading males increases infanticide in langurs [J] . Plos One, 2011, 6(4), e18971.

Sussman R W, Cheverud J M, Bartlett T Q. Infant killing as an evolutionary strategy: reality or myth? [J] . Evolutionary Anthropology: Issues, News, and Reviews, 1994, 3(5): 149-151.

Van Schaik, Carel P, Janson C H. Infanticide by males and its implications [M] . Cambridge University Press, 2000.

Williams F E, White D, Messer Jr. W S. A simple spatial alternation task for assessing memory function in zebrafish [J] . Behav Processes, 2002, 58(3):125-132.

Witmer L M. Paleoneurology: A Sight for Four Eyes [J] . Current Biology, 2018, 28(7): R311-R313.

Xiang Z F, Grueter C C. First direct evidence of infanticide and cannibalism in wild snub-nosed monkeys(*Rhinopithecus bieti*) [J] . American Journal of primatology, 2007, 69(3): 249-254.

Yan F, Lü J, Zhang B, et al. The Chinese giant salamander exemplifies the hidden extinction of cryptic species [J] . Current Biology, 2018, 28(10): R590-R592.

Yang B, Anderson J R, Li B G. Tending a dying adult in a wild multi-level primate society [J] . Current Biology, 2016, 26(10): R403-R404.

Yanoviak S P, Kaspari M, Dudley R, et al. Natural history note parasite-induced fruit mimicry in a tropical canopy ant [J] . American Naturalist, 2008, 171(4): 536-544.

Zaady E, Groffman P M, Shachak M, et al. Consumption and release of nitrogen by the harvester termite Anacanthotermes ubachi navas in the northern Negev desert, Israel. Soil Biology and Biochemistry, 2003, 35(10): 1299-1303.